Schnittpunkt 2

Mathematik

Grundlagen individuell fördern

Arbeitsheft

erarbeitet von
Wolfgang Malzacher, Achim Olpp, Claus Stöckle, Thomas Straub

Ernst Klett Verlag
Stuttgart · Leipzig

Liebe/r ______________________________ ,

(Hier kannst du deinen Namen eintragen, denn das ist dein Arbeitsheft.)

auf diesen beiden Seiten stellen wir dir dein Arbeitsheft für die 6. Klasse vor.

Dieses Arbeitsheft hat die gleichen Kapitel und Lerneinheiten wie dein Schulbuch Schnittpunkt Mathematik 2. Zu jeder Aufgabe findest du im beigelegten **Lösungsheft** die richtige Lösung, so dass du selbständig deinen Lernerfolg feststellen kannst.

Jedes Kapitel dieses Arbeitsheftes beginnt mit einer **Selbsteinschätzung** und einem **Test** dazu. Damit kannst du feststellen, ob du noch Lücken im Vorwissen hast.
Schätze dich zuerst mithilfe der Tabelle „Wo stehe ich?" selbst ein. Kreuze dazu das passende Smiley an.

Die Smileys haben folgende Bedeutung:

☺ Ich kann's!

😐 Ich übe nochmal:
→ Seite 81 | Aufgabe 2

☹ Ich frag' mal.

(meinen Mitschüler bzw. meine Mitschülerin oder meinen Lehrer bzw. meine Lehrerin).

Um deine Selbsteinschätzung zu überprüfen, machst du anschließend den **Test**.

Zu jeder Nummer der Tabelle findest du eine Aufgabe.
Löse die Aufgaben.

Überprüfe deine Lösung mit den Lösungen im Lösungsheft und kreuze danach den entsprechenden Smiley am Rand und in der Tabelle an.

Jetzt siehst du, wie gut deine Einschätzung war.

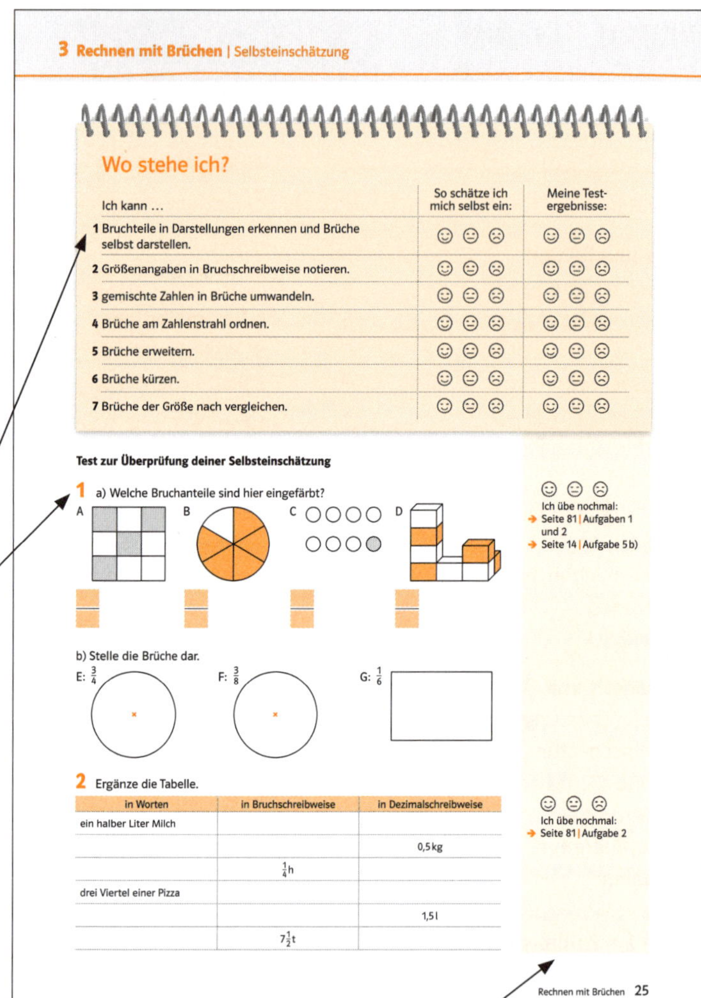
3 Rechnen mit Brüchen | Selbsteinschätzung

Wo stehe ich?

Ich kann …	So schätze ich mich selbst ein:	Meine Testergebnisse:
1 Bruchteile in Darstellungen erkennen und Brüche selbst darstellen.	☺ 😐 ☹	☺ 😐 ☹
2 Größenangaben in Bruchschreibweise notieren.	☺ 😐 ☹	☺ 😐 ☹
3 gemischte Zahlen in Brüche umwandeln.	☺ 😐 ☹	☺ 😐 ☹
4 Brüche am Zahlenstrahl ordnen.	☺ 😐 ☹	☺ 😐 ☹
5 Brüche erweitern.	☺ 😐 ☹	☺ 😐 ☹
6 Brüche kürzen.	☺ 😐 ☹	☺ 😐 ☹
7 Brüche der Größe nach vergleichen.	☺ 😐 ☹	☺ 😐 ☹

Test zur Überprüfung deiner Selbsteinschätzung

1 a) Welche Bruchanteile sind hier eingefärbt?
A B C D

b) Stelle die Brüche dar.
E: $\frac{3}{4}$ F: $\frac{3}{8}$ G: $\frac{1}{6}$

☺ 😐 ☹
Ich übe nochmal:
→ Seite 81 | Aufgaben 1 und 2
→ Seite 14 | Aufgabe 5 b)

2 Ergänze die Tabelle.

in Worten	in Bruchschreibweise	in Dezimalschreibweise
ein halber Liter Milch		
		0,5 kg
	$\frac{1}{4}$ h	
drei Viertel einer Pizza		
		1,5 l
	$7\frac{1}{2}$ t	

☺ 😐 ☹
Ich übe nochmal:
→ Seite 81 | Aufgabe 2

Rechnen mit Brüchen 25

Rechts neben den Aufgaben ist eine Spalte. Unter den Smileys in dieser Spalte findest du Verweise zu Übungsaufgaben auf den Grundlagentrainings-Seiten am Ende des Heftes.
So kannst du nochmals üben.

Zu jeder Lerneinheit deines Schulbuches findest du in diesem Arbeitsheft mindestens eine Seite mit **Aufgaben** zum Üben. Auf einigen Seiten helfen wir dir beim Lösen der Aufgaben mit **Tipps und Infos** auf Zetteln rechts neben der Aufgabe. Im Lösungsheft findest du weitere Hilfestellungen, die dir das Üben und Anwenden leichter machen.

Manchmal haben wir dir ein Beispiel gegeben und einen Aufgabenteil schon gelöst (orange Schreibschrift). Schreibe deine Antworten auf die vorgegebenen Linien, in die orangefarbenen Kästchen oder rechne und zeichne im Karogitter.

Wenn du mehr Platz brauchst, nimm ein zusätzliches Blatt oder dein Heft für Rechnungen oder für eine Skizze.

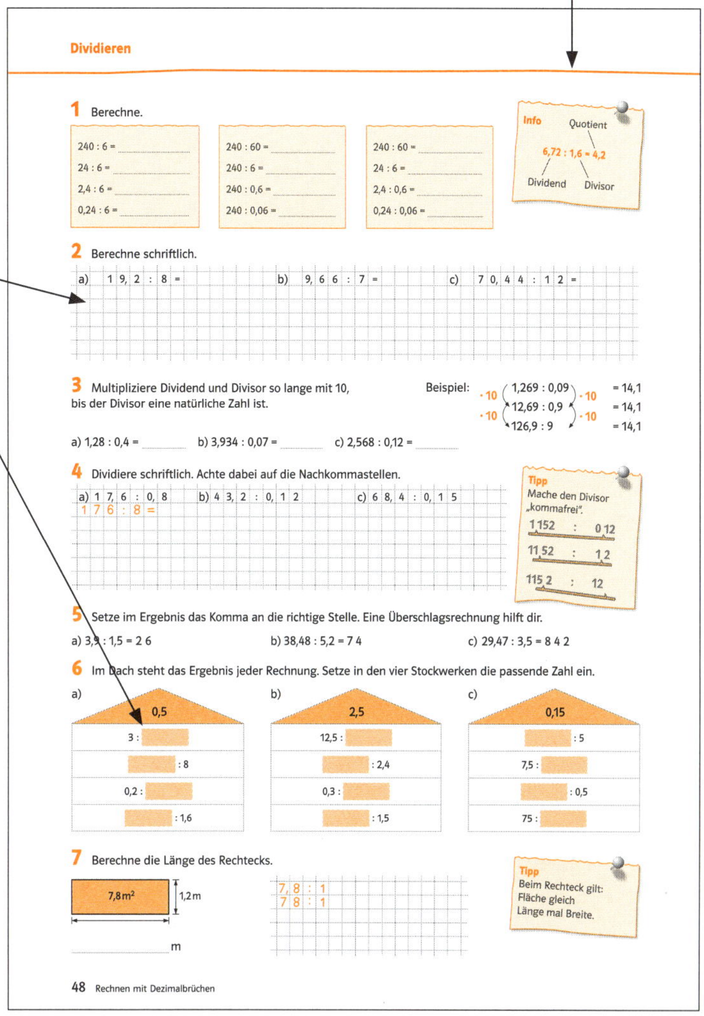

Dividieren

1 Berechne.

240 : 6 = ____ 24 : 6 = ____ 2,4 : 6 = ____ 0,24 : 6 = ____

240 : 60 = ____ 240 : 6 = ____ 240 : 0,6 = ____ 240 : 0,06 = ____

240 : 60 = ____ 24 : 6 = ____ 2,4 : 0,6 = ____ 0,24 : 0,06 = ____

Info: 6,72 : 1,6 = 4,2 – Dividend, Divisor, Quotient

2 Berechne schriftlich.

a) 19,2 : 8 = b) 9,66 : 7 = c) 70,44 : 12 =

3 Multipliziere Dividend und Divisor so lange mit 10, bis der Divisor eine natürliche Zahl ist.

Beispiel: 1,269 : 0,09 = 14,1; 12,69 : 0,9 = 14,1; 126,9 : 9 = 14,1

a) 1,28 : 0,4 = ____ b) 3,934 : 0,07 = ____ c) 2,568 : 0,12 = ____

4 Dividiere schriftlich. Achte dabei auf die Nachkommastellen.

a) 17,6 : 0,8 b) 43,2 : 0,12 c) 68,4 : 0,15

Tipp: Mache den Divisor „kommafrei". 1152 : 0,12; 115,2 : 1,2; 115,2 : 12

5 Setze im Ergebnis das Komma an die richtige Stelle. Eine Überschlagsrechnung hilft dir.

a) 3,9 : 1,5 = 26 b) 38,48 : 5,2 = 74 c) 29,47 : 3,5 = 842

6 Im Dach steht das Ergebnis jeder Rechnung. Setze in den vier Stockwerken die passende Zahl ein.

a) 0,5 b) 2,5 c) 0,15

7 Berechne die Länge des Rechtecks.

7,8 m²; 1,2 m; ____ m

Tipp: Beim Rechteck gilt: Fläche gleich Länge mal Breite.

48 Rechnen mit Dezimalbrüchen

Jedes Kapitel endet mit einem **Lernrückblick**.

Wenn du diese Aufgaben lösen kannst, hast du eine gute Grundlage für den weiteren Unterricht.

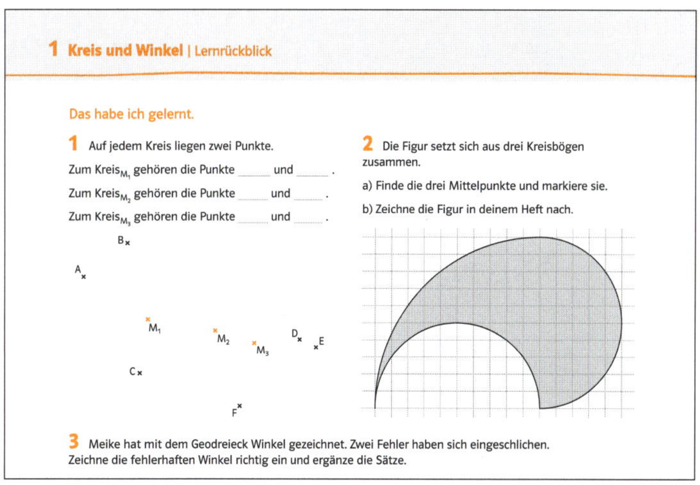

1 Kreis und Winkel | Lernrückblick

Das habe ich gelernt.

1 Auf jedem Kreis liegen zwei Punkte.

Zum Kreis$_{M_1}$ gehören die Punkte ____ und ____.

Zum Kreis$_{M_2}$ gehören die Punkte ____ und ____.

Zum Kreis$_{M_3}$ gehören die Punkte ____ und ____.

2 Die Figur setzt sich aus drei Kreisbögen zusammen.

a) Finde die drei Mittelpunkte und markiere sie.

b) Zeichne die Figur in deinem Heft nach.

3 Meike hat mit dem Geodreieck Winkel gezeichnet. Zwei Fehler haben sich eingeschlichen. Zeichne die fehlerhaften Winkel richtig ein und ergänze die Sätze.

Jetzt kannst du loslegen – 84 Seiten voller Aufgaben und Entdeckungen warten auf dich!
Wir wünschen dir viel Spaß und Erfolg beim „Mathematik-Können"!

Dein Autorenteam

Wo stehe ich?

Ich kann …	So schätze ich mich selbst ein:	Meine Testergebnisse:
1 Kreise erkennen.	☺ 😐 ☹	☺ 😐 ☹
2 bei einem Kreis den Radius und den Durchmesser messen.	☺ 😐 ☹	☺ 😐 ☹
3 Kreismuster mit der Hand nachzeichnen.	☺ 😐 ☹	☺ 😐 ☹
4 mit dem Zirkel Kreise genau zeichnen.	☺ 😐 ☹	☺ 😐 ☹
5 Schnittpunkte von Kreisen erkennen.	☺ 😐 ☹	☺ 😐 ☹
6 Kreise in gleich große Teile teilen.	☺ 😐 ☹	☺ 😐 ☹
7 Kreismuster nachzeichnen und fortsetzen.	☺ 😐 ☹	☺ 😐 ☹

Test zur Überprüfung deiner Selbsteinschätzung

1 Welches Gesicht hat die Form eines Kreises? Kreuze an.

A ☐

B ☐

C ☐

2 Miss den Radius und den Durchmesser der Kreise.

☺ 😐 ☹
Ich übe nochmal:
→ Seite 79 | Aufgabe 1

a)

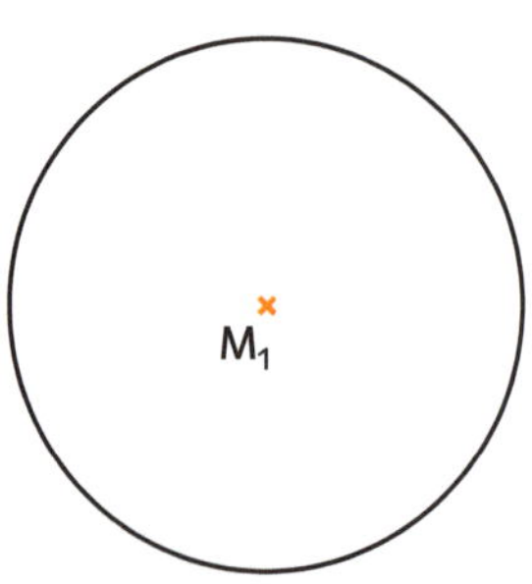

b)

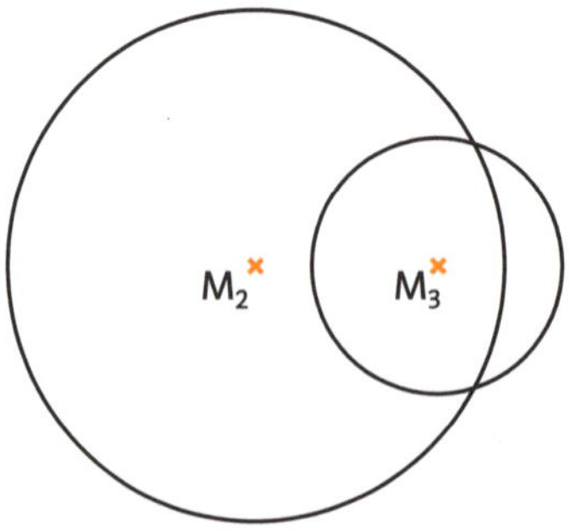

r_1 = ____________ r_2 = ____________ r_3 = ____________

d_1 = ____________ d_2 = ____________ d_3 = ____________

3 Zeichne die Kreismuster mit Farbe nach.

a)

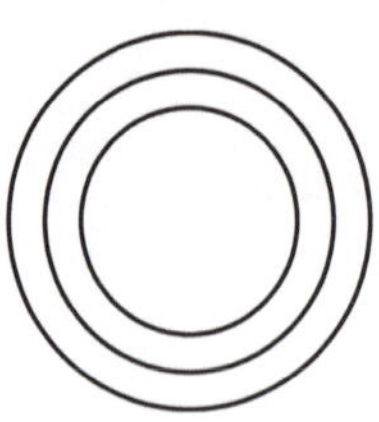

b)

4 a) Zeichne einen Kreis um den Mittelpunkt M mit dem Radius 3 cm.

M

b) Zeichne im Quadratgitter einen Kreis um den Mittelpunkt M (6 | 6) mit dem Durchmesser 4 cm.

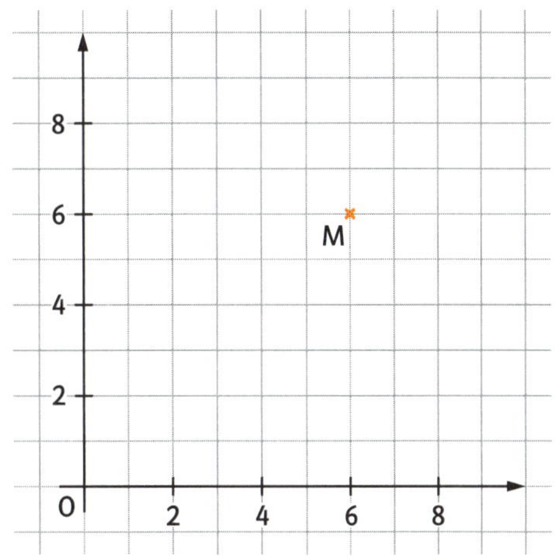

Ich übe nochmal:
→ Seite 79 | Aufgabe 2

5 Wie viele Schnittpunkte haben die Kreise? Markiere.

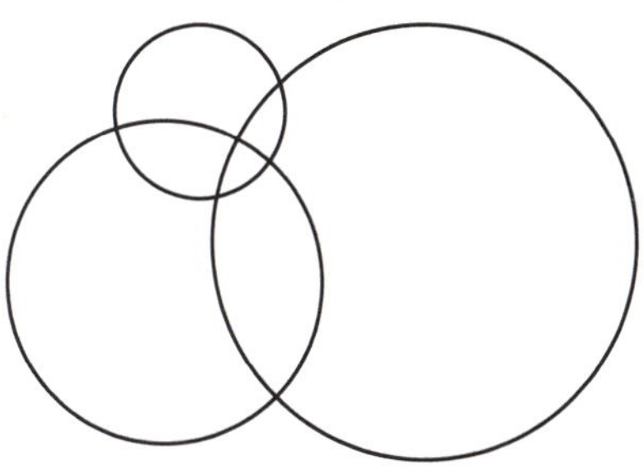

Die Kreise haben insgesamt __________ Schnittpunkte.

Ich übe nochmal:
→ Seite 79 | Aufgabe 3

6 a) Teile den Kreis in zwei gleich große Teile.

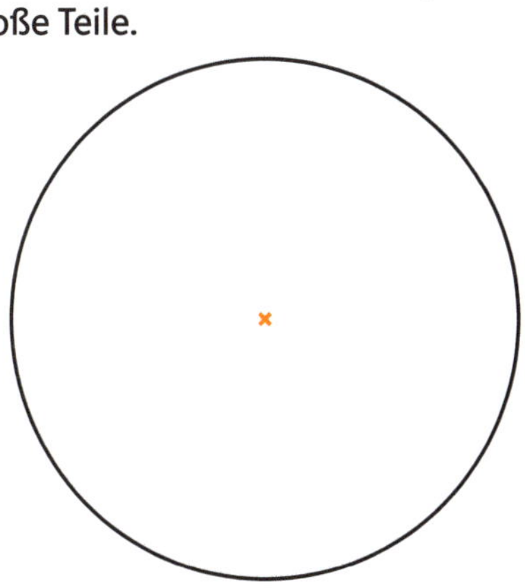

b) Teile den Kreis in vier gleich große Teile.

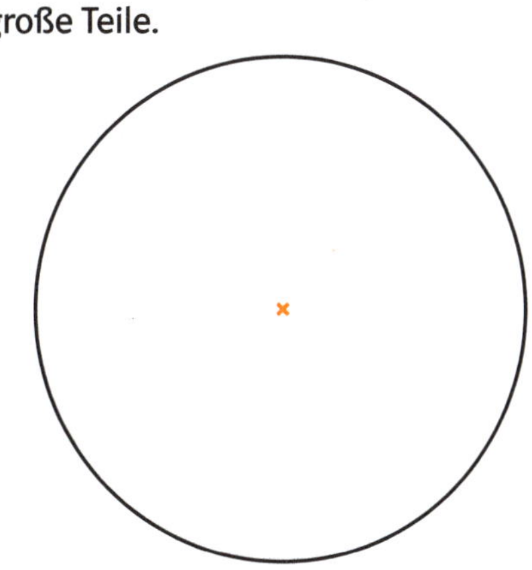

Ich übe nochmal:
→ Seite 79 | Aufgabe 4

7 Setze das Kreismuster mit dem Zirkel fort. Achte auf Mittelpunkt und Radius.

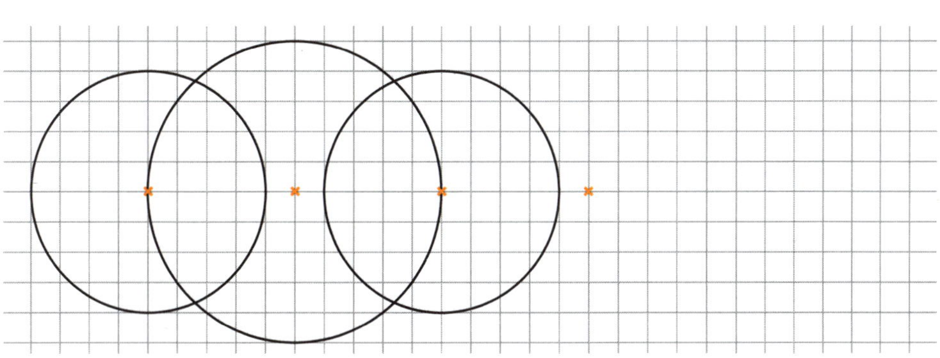

Ich übe nochmal:
→ Seite 79 | Aufgabe 5

1 Fülle die Tabelle aus.

	a)	b)	c)	d)	e)	f)
Radius r	4 cm	22 mm			1,8 cm	
Durchmesser d			7 cm	2 dm		2,5 m

2 Zeichne mit dem Zirkel jeweils zwei Kreise in dein Heft. Trage die Anzahl der Schnittpunkte ein.

	Kreis 1	Abstand der Mittelpunkte	Kreis 2	Anzahl der Schnittpunkte
a)	$r_1 = 2{,}5$ cm	5 cm	$r_2 = 5{,}5$ cm	
b)	$r_1 = 3{,}5$ cm	1,5 cm	$d_2 = 3$ cm	
c)	$d_1 = 40$ mm	30 mm	$r_2 = 6$ cm	

Du brauchst
Geodreieck
Bleistift
Zirkel

3 Zwei Kreise um den Mittelpunkt M sind gegeben.
Zeichne drei weitere Kreise um M mit
$r_1 = 1{,}5$ cm;
$r_2 = 2$ cm;
$r_3 = 2{,}5$ cm.

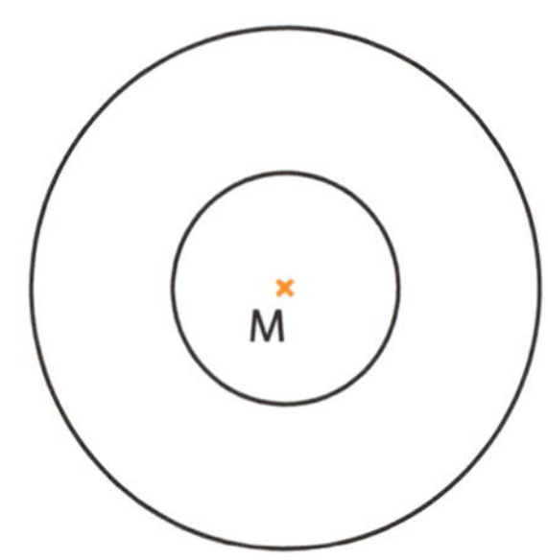

4 a) Zeichne um M einen Kreis mit dem Radius fünf Kästchen. Zeichne einen weiteren Kreis mit demselben Mittelpunkt, auf dem der Punkt P(8 | 3) liegt.

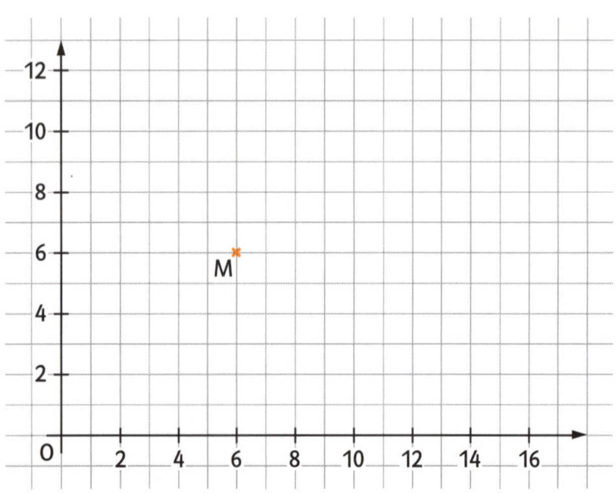

b) Zwei Kreise haben die Mittelpunkte $M_1(4 | 6)$ und $M_2(10 | 6)$. Beide Kreise schneiden sich im Punkt P(6 | 9). Zeichne die Kreise und gib den zweiten Schnittpunkt Q an. Q(____ | ____)

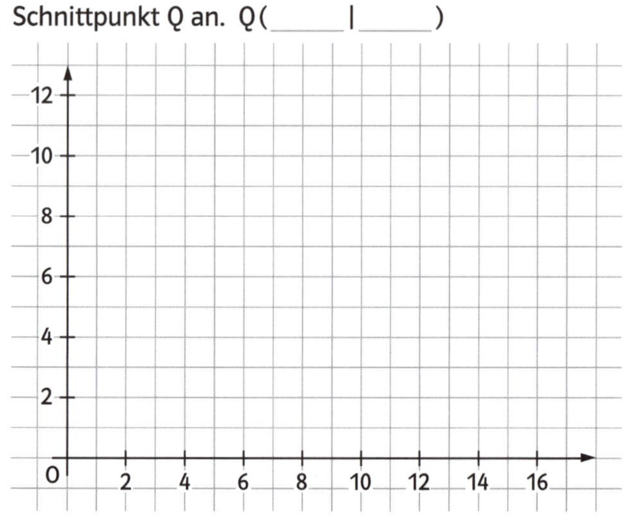

5 Ellen möchte auf ein DIN-A4-Blatt einen großen Kreis zeichnen.
Udo behauptet: „Der Kreis auf dem Blatt kann höchstens einen Durchmesser von 21 cm haben." Probiere es aus.

Hat Udo recht? Begründe. ____________________

____

Tipp

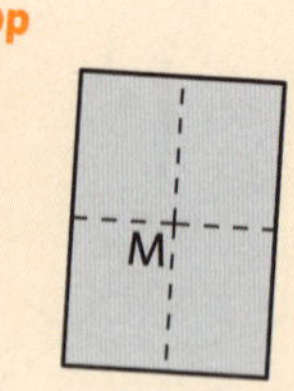

Kreisausschnitt

1 Markiere die Kreisausschnitte farbig.

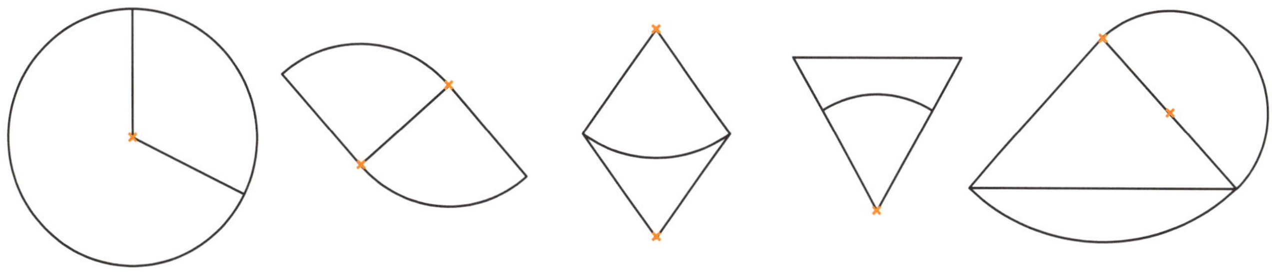

2 a) Die Zeiger einer Uhr bilden Kreisausschnitte.
Gib die fehlende Uhrzeit an oder ergänze die Zeigerstellungen.

b) Färbe den kleineren Kreisausschnitt und benenne ihn.

A: ________ Uhr B: ________ Uhr C: 09:00 Uhr D: 04:00 Uhr E: ________ Uhr

Halbkreis ________ ________ ________ Zwölftelkreis

3 Das abgebildete „magische" Ei kann mithilfe eines Halbkreises, eines Viertelkreises und zweier Achtelkreise gezeichnet werden.

a) Finde die Kreisausschnitte. Färbe ihre Bögen und die zugehörigen Kärtchen mit der gleichen Farbe ein.

b) Zeichne das Ei mit dem Geodreieck und dem Zirkel nach.

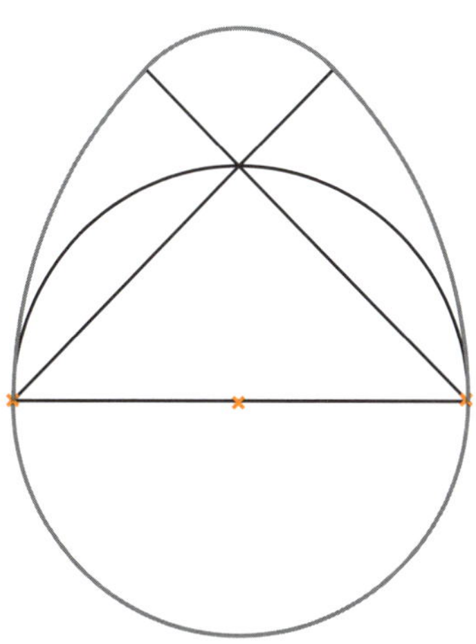

Viertelkreis

Achtelkreis

Achtelkreis

Halbkreis

4 Zeichne einen Kreis mit dem Radius $r = 5\,\text{cm}$ auf ein Blatt und schneide ihn aus. Falte ihn so, dass die Faltlinien durch den Mittelpunkt gehen und der Kreis so in acht gleich große Teile geteilt wird. Färbe jeden zweiten Kreisausschnitt ein.

a) Wie groß ist der gefärbte Anteil der Kreisfläche? ________________

b) Stich mit der Zirkelspitze in der Mitte des Kreises ein und bringe den Kreis durch Pusten zum Drehen.

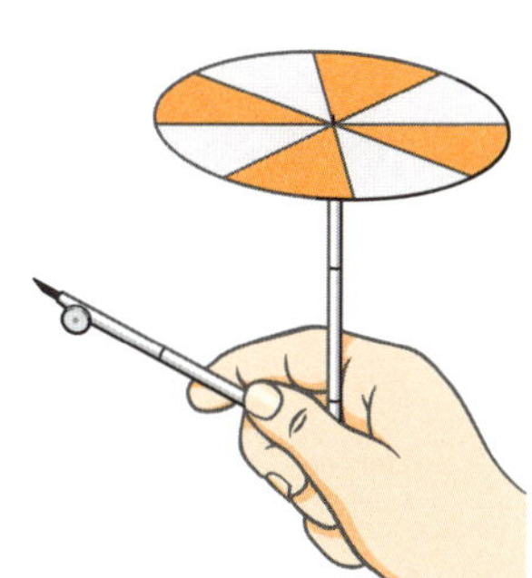

1 Prüfe mit deinem Geodreieck, ob die markierten Winkel größer (>), kleiner (<) oder gleich (=) dem rechten Winkel sind.

A

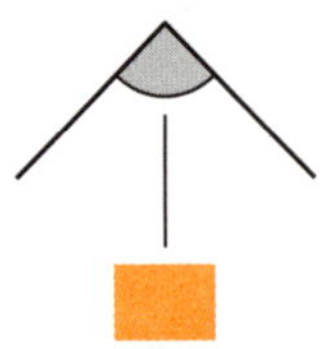

B

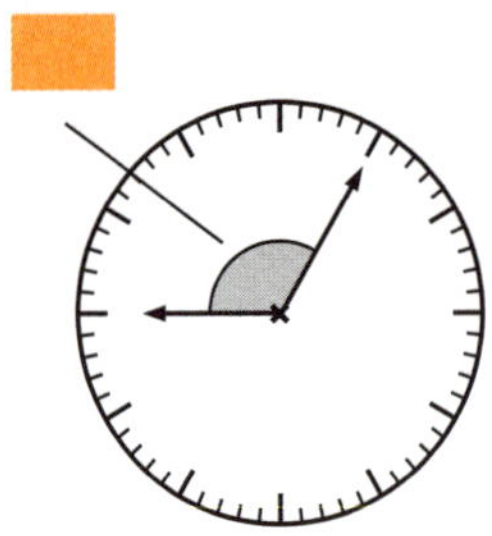

C

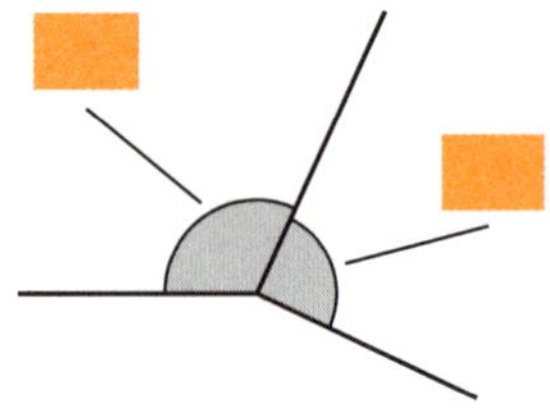

D

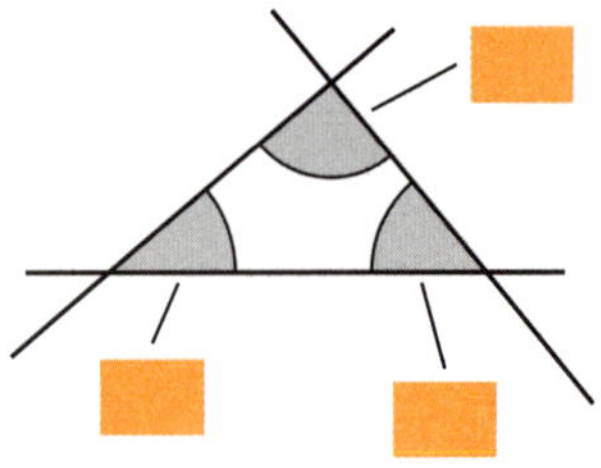

2 Ordne die Winkel nach ihrer Größe. Beginne mit dem kleinsten Winkel.

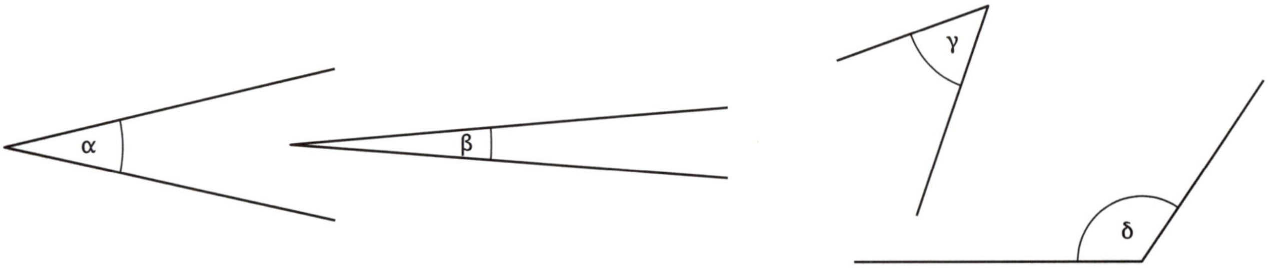

_______ < _______ < _______ < _______

3 a) Zeichne eine zweite Gerade so ein, dass alle Schnittwinkel gleich groß sind.

b) Zeichne vier Geraden mit einem Schnittpunkt, deren Schnittwinkel alle gleich groß sind.

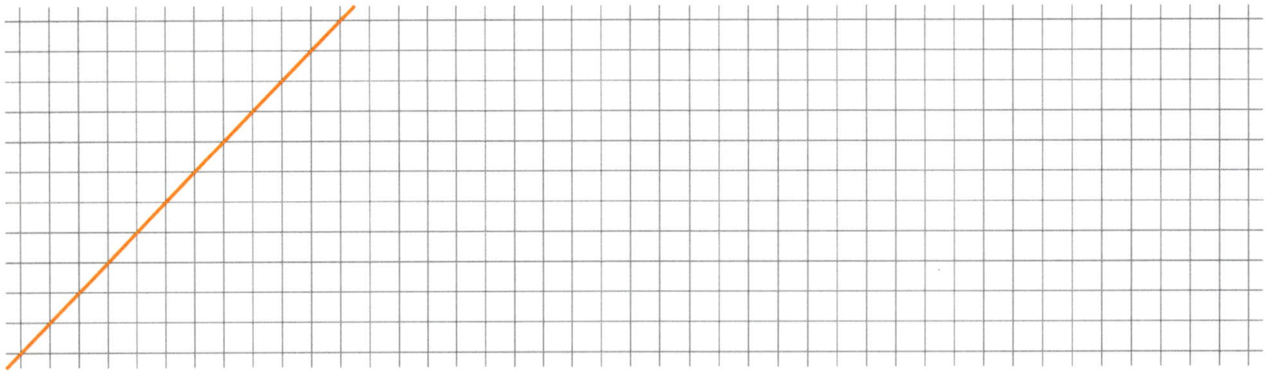

4 a) Die Diagonalen in einem Viereck bilden jeweils vier Schnittwinkel. Kennzeichne gleich große Winkel mit der gleichen Farbe.

b) Benenne die Vierecke.

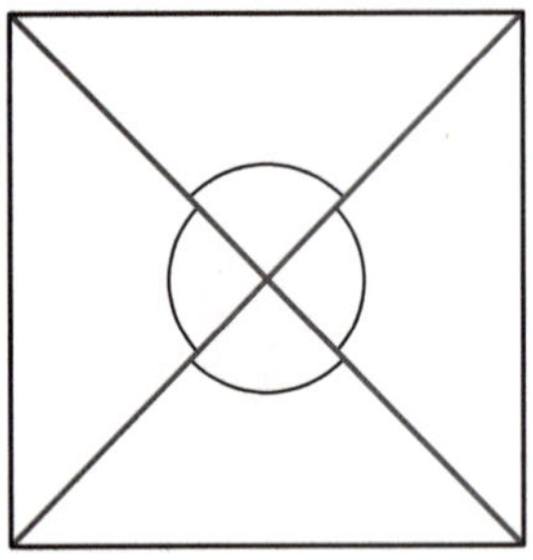

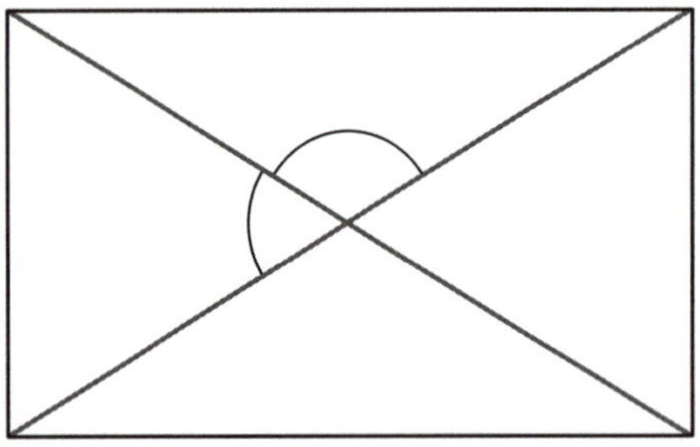

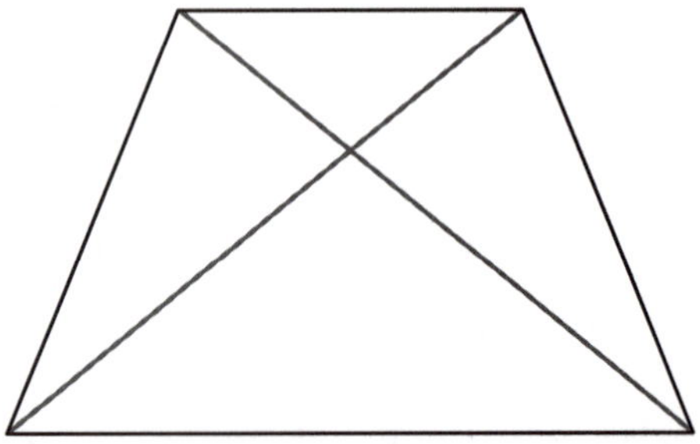

_______________ _______________ _______________

1 Ein Halbkreis wird in drei unterschiedlich große Kreisausschnitte unterteilt. Lies die Größe der Winkel ab. Du kannst auch mit deinem Geodreieck nachmessen. Verlängere dazu die Schenkel.

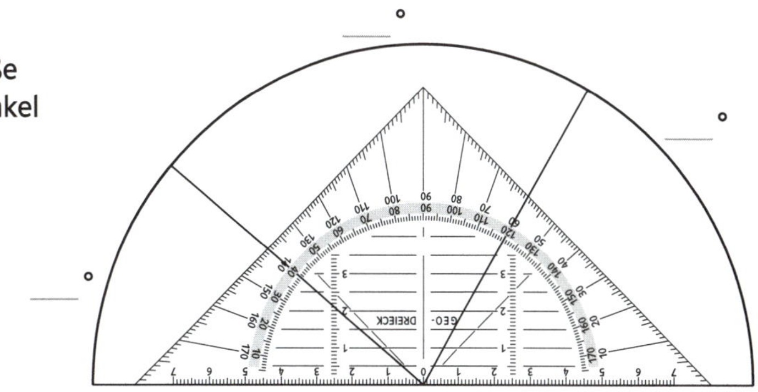

2 a) Ordne die Winkel der richtigen Winkelart auf den Kärtchen zu.

b) Schätze zuerst die Größe des Winkels (≈) und miss dann die Größe des Winkels (=).

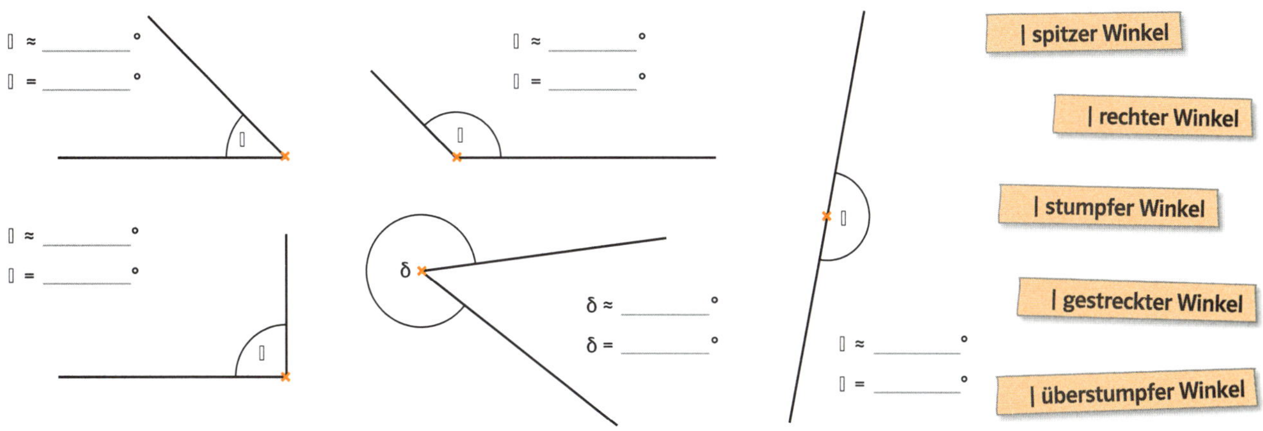

3 Zeichne Winkel der angegebenen Größen. Ein Schenkel ist bereits gezeichnet. Zeichne die Winkelbögen mit unterschiedlichen Farben.

a) 40°; 70°; 95°; 120°

b) 45°; 90°; 135°; 225°

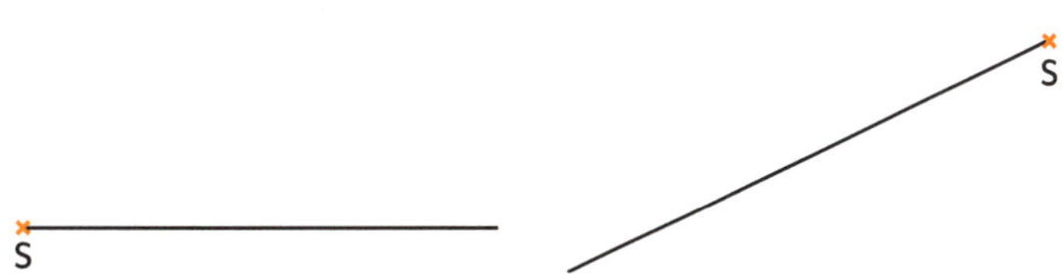

4 a) Zeichne eine Raute mit 3 cm Seitenlänge und einem Winkel von 50°.

b) Zeichne die Diagonalen in die Raute ein und miss die vier Schnittwinkel.

α = ______; β = ______; γ = ______; δ = ______

Was fällt dir auf?

____

____

____

Tipp
Eine Raute hat vier gleich lange Seiten. Gegenüberliegende Winkel sind gleich groß.

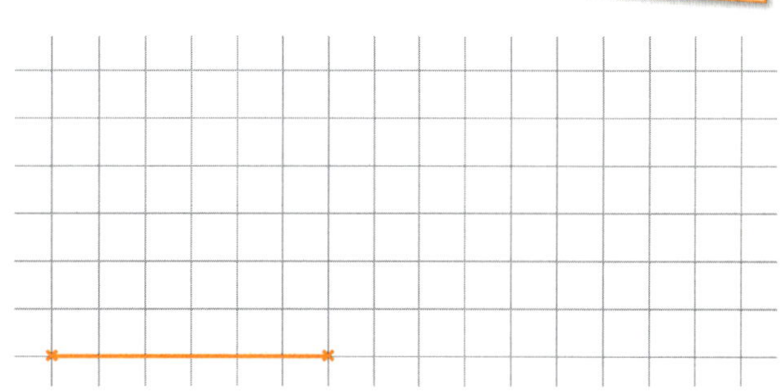

5 Trage die gegebenen Punkte in das Gitternetz ein. Zeichne den Winkel α mit Scheitelpunkt S durch die Punkte A und B. Miss den Winkel.

a) S(4|6); A(8|2); B(10|12)

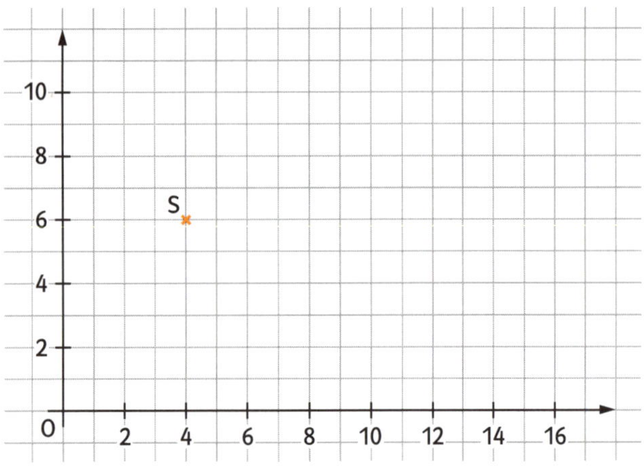

α = ________ °

b) S(10|7); A(0|10); B(0|0)

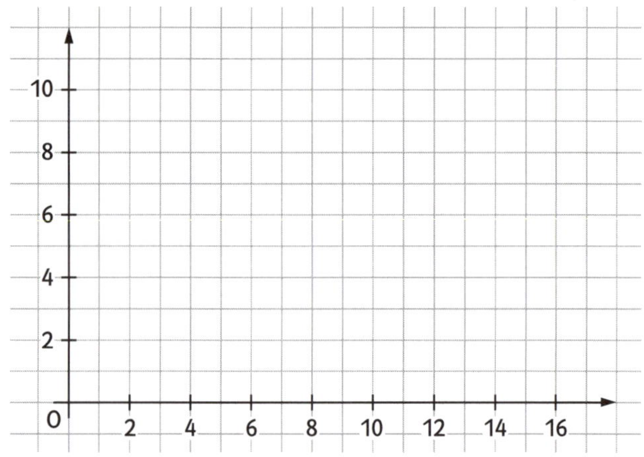

α = ________ °

6 a) Gigdem hat herausgefunden, dass um 17:00 Uhr die beiden Zeiger einer Uhr einen Kreisausschnitt von 150° bilden.
Was hat sich Gigdem überlegt?

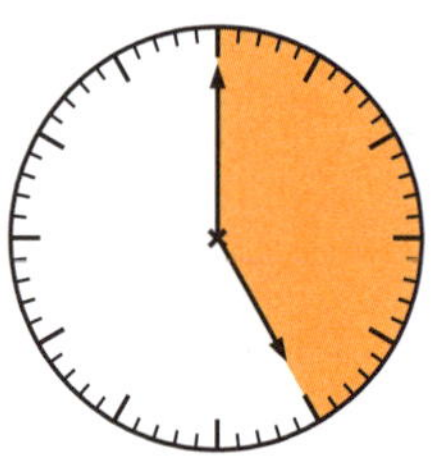

____

____

____

b) Bestimme die Größe des Winkels für die angegebene Uhrzeit.
Ergänze die Zeigerstellung und färbe den kleineren Kreisausschnitt.

A: 01:00 Uhr

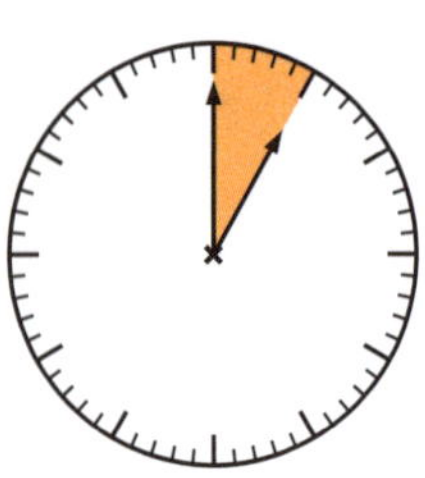

Winkel: ________ °

B: 07:00 Uhr

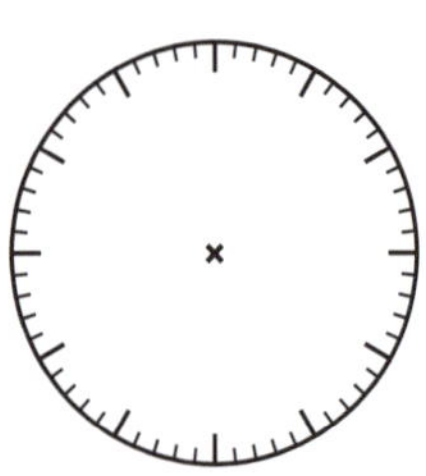

Winkel: ________ °

C: 20:00 Uhr

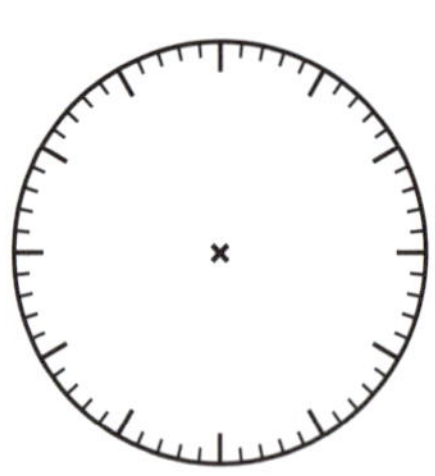

Winkel: ________ °

D: 05:30 Uhr

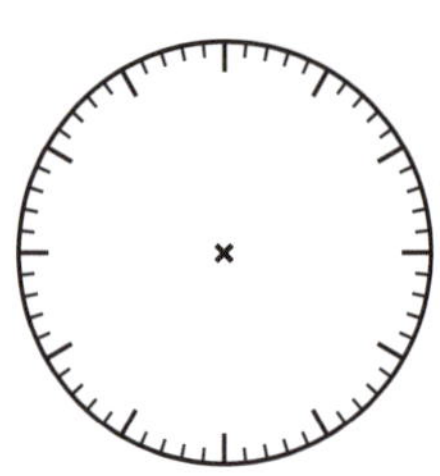

Winkel: ________ °

7 Die nebenstehende Abbildung zeigt eine sogenannte Windrose.
Mit ihr kann man gut beschreiben, aus welcher Richtung der Wind weht.

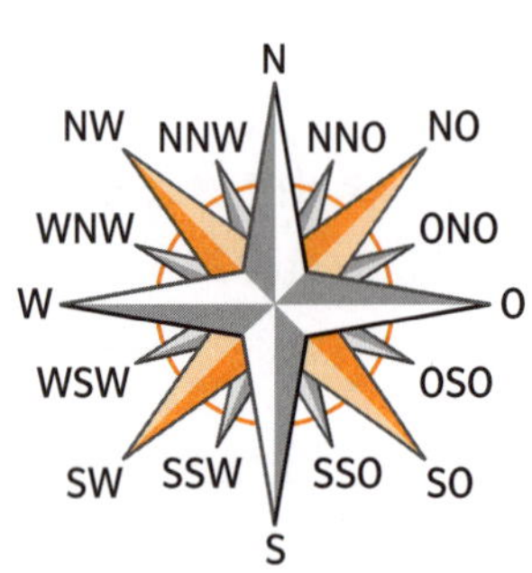

a) Wie viele Richtungen zeigt diese Windrose an?

____

b) Um wie viel Grad ändert sich die Windrichtung, wenn der Wind

- von Nord kommt und auf Nordwest dreht? ________
- von Süd nach Nord dreht? ________
- von Westen kommt und auf Süd dreht? ________
- von Nordwesten kommt und auf Ost dreht? ________

1 Kennzeichne die angegebenen Paare gleicher Winkel jeweils mit einer Farbe. Die Geraden g und h sind parallel (g || h).

a) die Scheitelwinkel

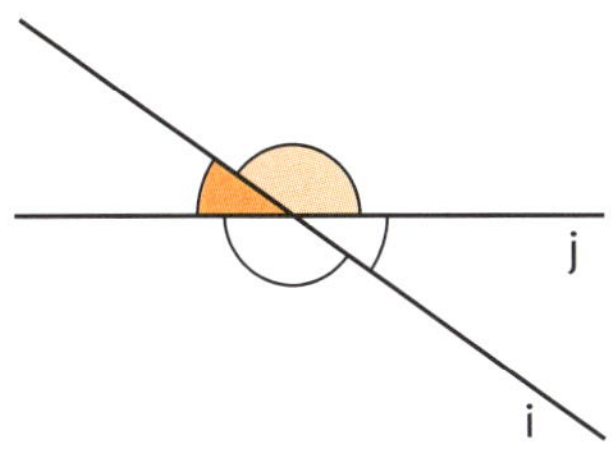

b) die Stufenwinkel

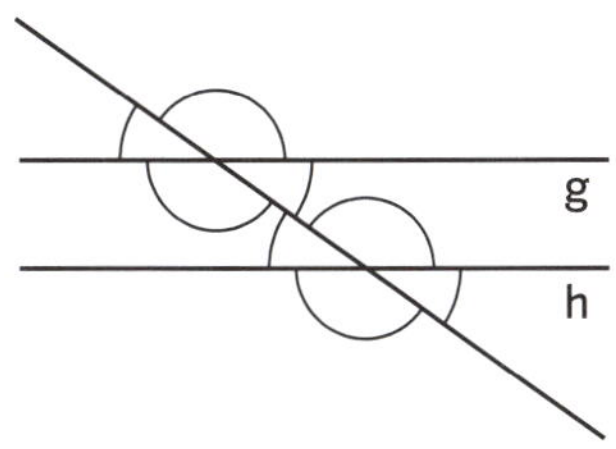

c) die Wechselwinkel

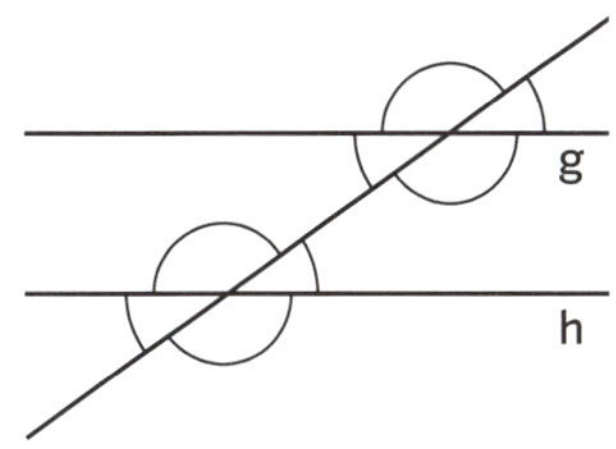

Info
Scheitelwinkel
Nebenwinkel
Stufenwinkel
(„F"-Winkel)
Wechselwinkel
(„Z"-Winkel)

2 Bestimme die Winkel und gib an, welche Winkelsätze du benutzt hast.

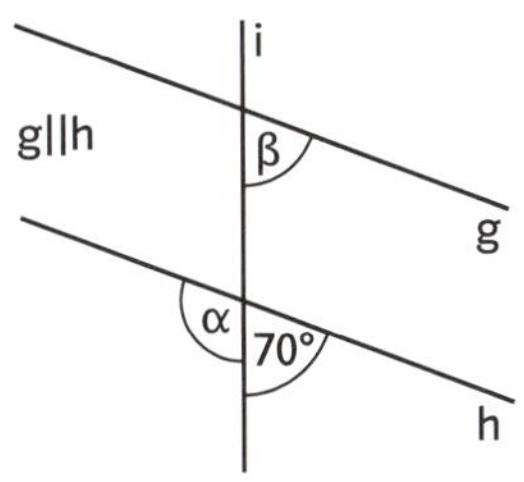

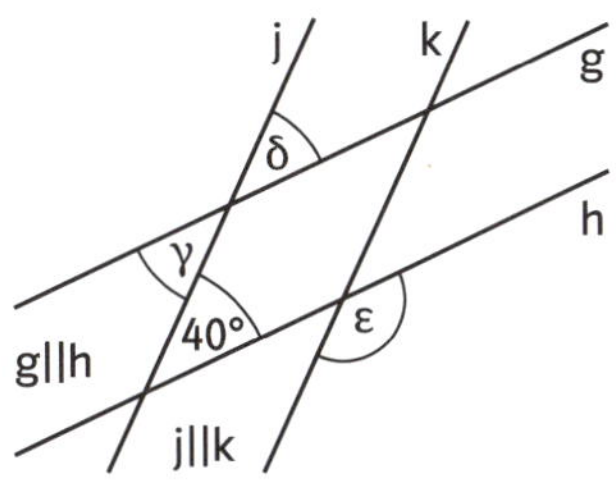

α = ____ ° B
β = ____ °
γ = ____ °
δ = ____ °
ε = ____ °

A | Scheitelwinkel
B | Nebenwinkel
C | Stufenwinkel
D | Wechselwinkel

3 Im Parallelogramm sollen Scheitelwinkel, Nebenwinkel und Wechselwinkel dargestellt werden. Zeichne die Winkelpaare ein und gib an, welche besonderen Winkel gemeint sind. Ergänze fehlende Eintragungen.

a)

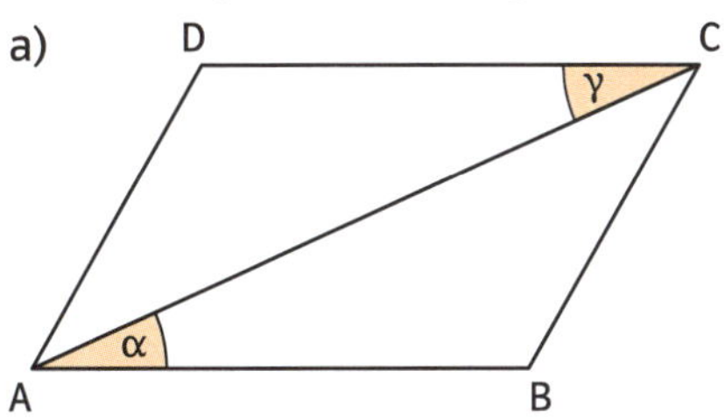

$\alpha = \gamma$

______

b)

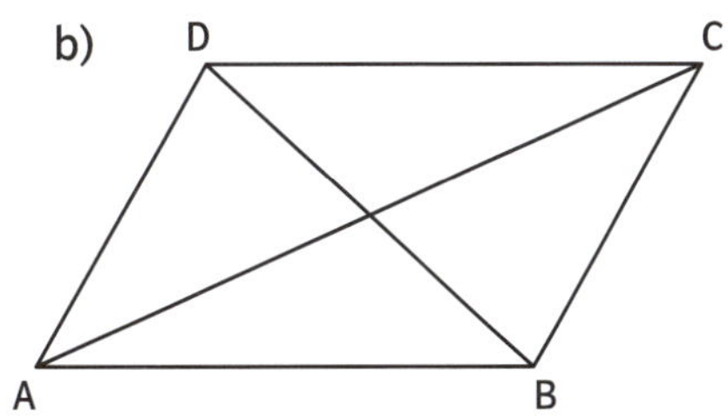

______ = ______

Scheitelwinkel

c)

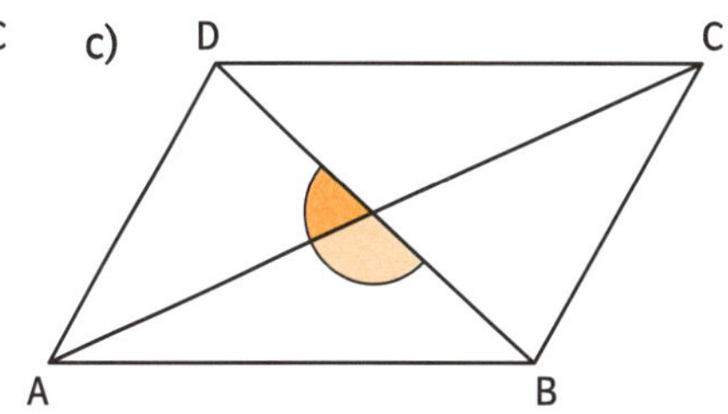

______ + ______ = 180°

______

4 Zwei Seiten des Parallelogramms wurden verlängert. Dadurch sind weitere Winkelpaare entstanden. Miss die Winkel.

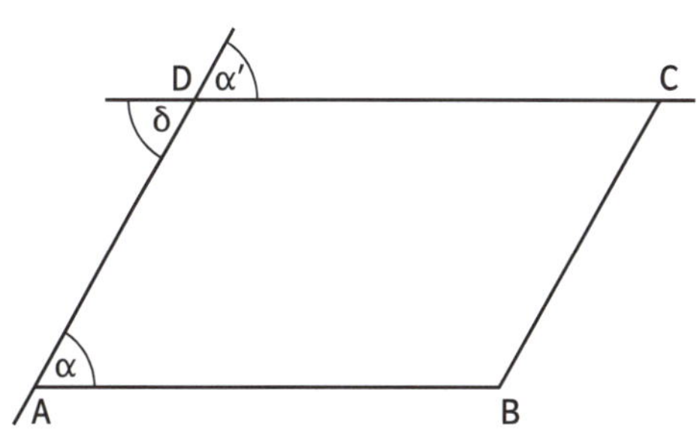

α = ____ °; α' = ____ °; δ = ____ °

Die Winkel α und α' sind gleich groß, denn es sind

______ .

Die Winkel α' und δ sind ebenfalls ______ und heißen ______ .

Die Winkel α und δ sind ______, denn es sind ______ .

5 Vier Parallelogramme bilden ein großes Parallelogramm.

a) Kennzeichne gleich große Winkel mit der gleichen Farbe.

Insgesamt gibt es ____ Arten verschieden großer Winkel.

b) Berechne alle Winkel und notiere ihre Größe in der Zeichnung.

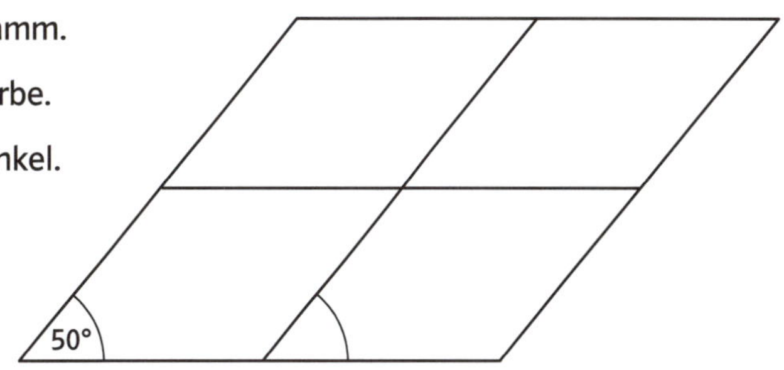

Das habe ich gelernt.

1 Auf jedem Kreis liegen zwei Punkte.

Zum Kreis_{M_1} gehören die Punkte ______ und ______ .

Zum Kreis_{M_2} gehören die Punkte ______ und ______ .

Zum Kreis_{M_3} gehören die Punkte ______ und ______ .

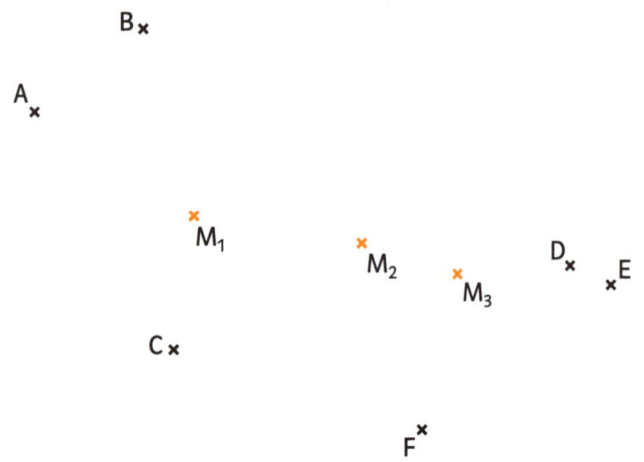

2 Die Figur setzt sich aus drei Kreisbögen zusammen.

a) Finde die drei Mittelpunkte und markiere sie.

b) Zeichne die Figur in deinem Heft nach.

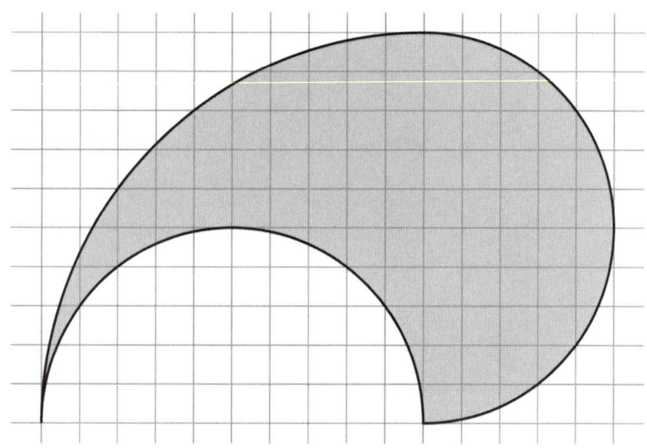

3 Meike hat mit dem Geodreieck Winkel gezeichnet. Zwei Fehler haben sich eingeschlichen. Zeichne die fehlerhaften Winkel richtig ein und ergänze die Sätze.

Fehler 1: Meike hat bei Bild ______ die ______________________________ Winkelskala benutzt.

Fehler 2: Bei Bild ______ wurde das Geodreieck nicht am Punkt ______ angelegt.

A B C D

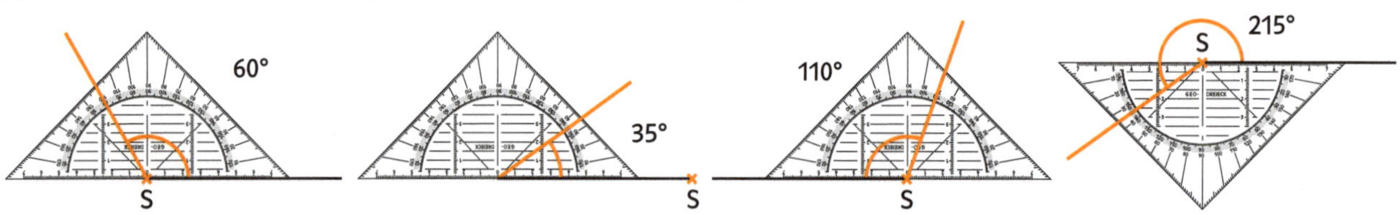

4 Thasso behauptet: „Die Innenwinkel des symmetrischen Pfeils ergeben zusammen 360°." Prüfe nach.

Zeichne die Winkelbögen ein, bezeichne die Winkel und miss.

Winkel α = ______ ° Winkel ___ = ______ °

Winkel ___ = ______ ° Winkel ___ = ______ °

Thassos Behauptung ☐ stimmt / ☐ stimmt nicht.

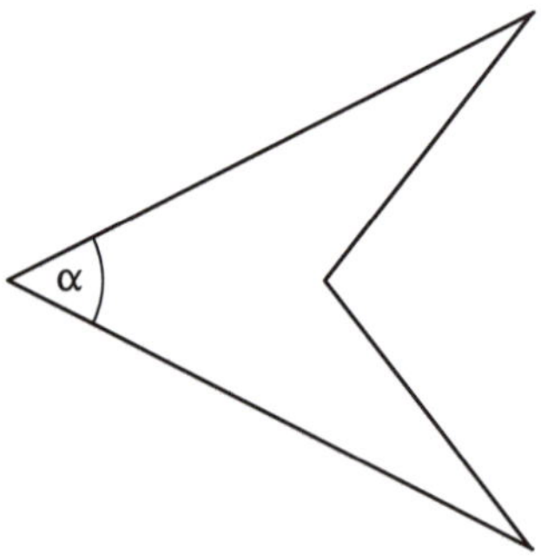

5 Welche Behauptung ist richtig, welche falsch? Kreuze an.

	richtig	falsch
a) Winkel und Nebenwinkel ergeben immer einen gestreckten Winkel.	☐	☐
b) Der Scheitelwinkel zu einem spitzen Winkel ist stets ein stumpfer Winkel.	☐	☐
c) Wechselwinkel lassen sich mit Stufen- und Scheitelwinkeln berechnen.	☐	☐
d) Ein Viereck mit vier rechten Winkeln heißt Raute.	☐	☐

Wo stehe ich?

Ich kann …	So schätze ich mich selbst ein:	Meine Testergebnisse:
1 im Kopf einfache Zahlen multiplizieren und dividieren.	☺ 😐 ☹	☺ 😐 ☹
2 gerade Zahlen und 5er-Zahlen erkennen.	☺ 😐 ☹	☺ 😐 ☹
3 Zähler und Nenner eines Bruchs bestimmen.	☺ 😐 ☹	☺ 😐 ☹
4 Bruchteile erkennen und angeben.	☺ 😐 ☹	☺ 😐 ☹
5 Brüche zeichnerisch darstellen.	☺ 😐 ☹	☺ 😐 ☹
6 Zahlen und einfache Brüche am Zahlenstrahl ablesen und eintragen.	☺ 😐 ☹	☺ 😐 ☹

Test zur Überprüfung deiner Selbsteinschätzung

1 Multipliziere oder dividiere, wenn möglich im Kopf.

a) $5 \cdot 15 =$ ____ $5 \cdot 20 =$ ____ $5 \cdot 21 =$ ____

b) $12 \cdot 9 =$ ____ $6 \cdot 18 =$ ____ $3 \cdot 36 =$ ____

c) $72 : 4 =$ ____ $144 : 8 =$ ____ $36 : 2 =$ ____

d) $33 : 3 =$ ____ $66 : 3 =$ ____ $99 : 33 =$ ____

☺ 😐 ☹ Ich übe nochmal: → Seite 80 | Aufgabe 1

2 Unterstreiche die geraden Zahlen und streiche die 5er-Zahlen durch.

a) 35; 36; 37; 38; 39; 40 b) 20; 22; 55; 110; 150; 155

☺ 😐 ☹ Ich übe nochmal: → Seite 80 | Aufgabe 2

3 Benenne Zähler und Nenner des Bruchs.

a) $\frac{1}{7}$ Zähler: __; Nenner: __

b) $\frac{5}{14}$ Zähler: __; Nenner: __

c) $\frac{1}{2}$ Zähler: __; Nenner: __

☺ 😐 ☹ Ich übe nochmal: → Seite 80 | Aufgabe 3

4 Welcher Bruch ist dargestellt?

a)

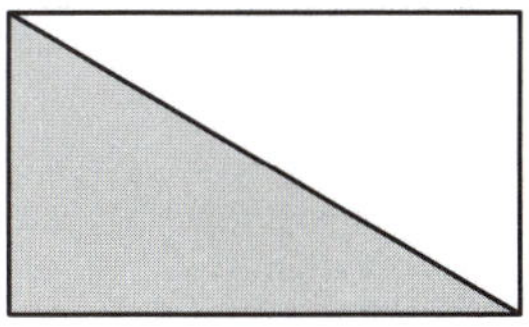

b)

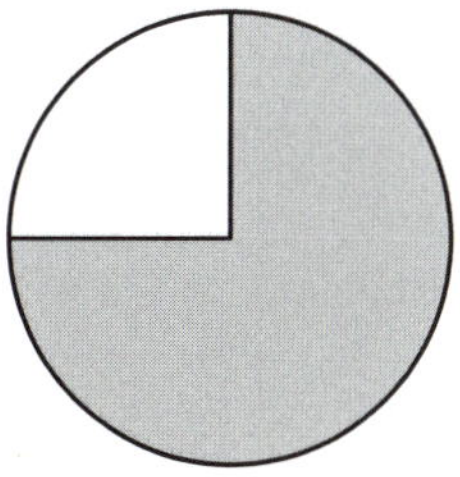

c)

☺ 😐 ☹ Ich übe nochmal: → Seite 80 | Aufgabe 4

5 Stelle den Bruch zeichnerisch dar.

a) $\frac{3}{4}$

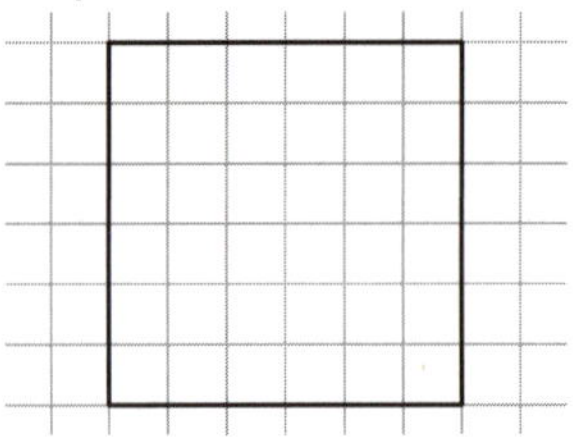

b) $\frac{1}{4}$

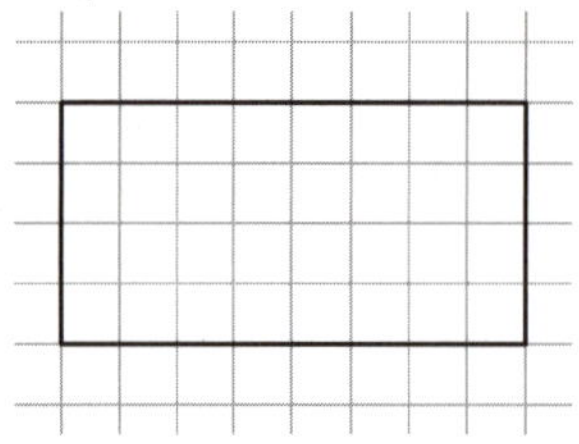

c) $\frac{1}{2}$

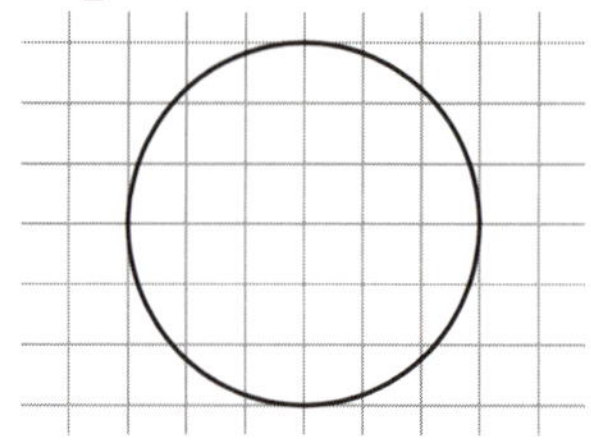

Ich übe nochmal:
→ Seite 80 | Aufgabe 5

6 Benenne die markierten Stellen auf dem Zahlenstrahl. Trage dann auch die Zahlen auf den Kärtchen auf dem Zahlenstrahl ein.

Ich übe nochmal:
→ Seite 80 | Aufgabe 6

a)

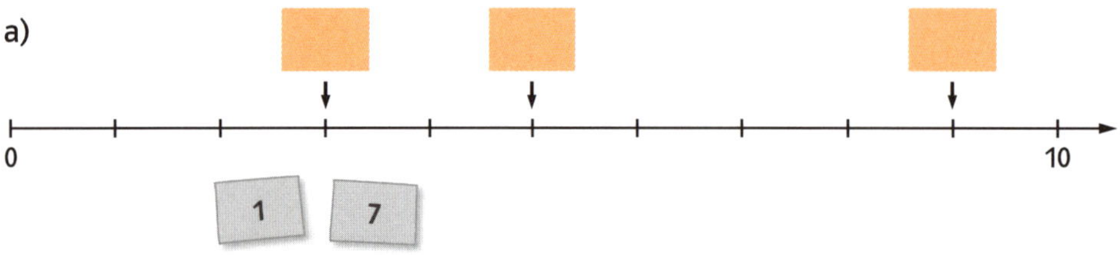

b)

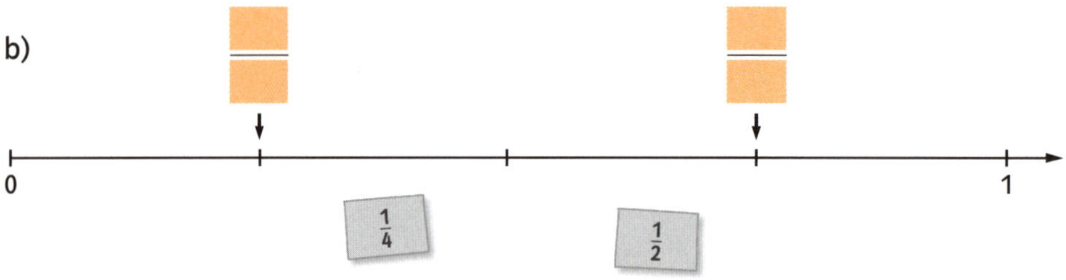

c)

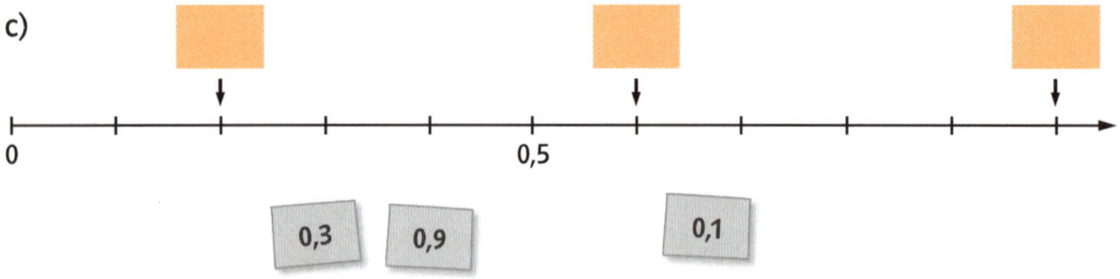

d)

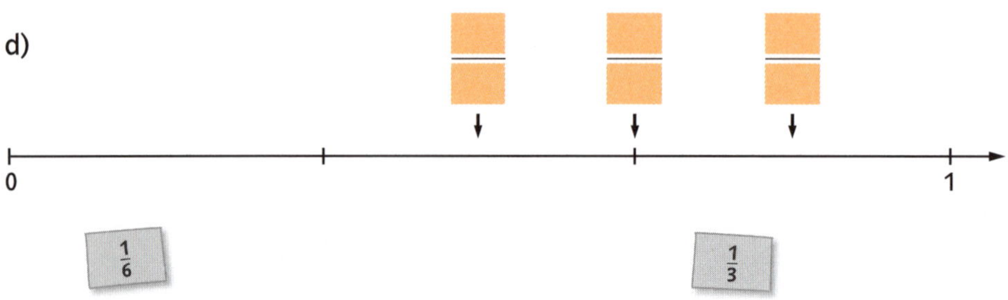

1 Gib alle Teiler an.

a)

Zahl	Teiler			
8				
9				
10				

b)

Zahl	Teiler					
18						
19						
20						

Info
5 ist ein **Teiler** von 15, da 15 sich durch 5 ohne Rest teilen lässt.

Tipp
Auch 1 und die Zahl selbst sind Teiler der Zahl.

2 Ergänze die Vielfachen.

Zahl	Vielfache					
	· 2	· 3	· 4	· 5	· 6	· 10
7						
12						
70						

3 Setze das richtige Zeichen ein: | (teilt) oder ∤ (teilt nicht).

a)		b)		c)	
6 ☐ 30		12 ☐ 120		8 ☐ 72	
12 ☐ 30		12 ☐ 121		18 ☐ 72	
15 ☐ 30		60 ☐ 120		36 ☐ 72	
30 ☐ 30		61 ☐ 120		54 ☐ 72	
60 ☐ 30		120 ☐ 120		360 ☐ 72	

Info
| und ∤ sind Zeichen für „teilt" und „teilt nicht".
Zum Beispiel:
6 | 18 5 ∤ 18

4 a) Zeichne unterschiedliche Rechtecke aus zwölf Kästchen.
Welche Möglichkeiten hast du gefunden?

____

____

Schreibe alle Teiler von 12 auf.

____

b) Löse die Aufgabe für 15 Kästchen.

Teiler von 15: ______________

5 Vervollständige die Zahlenfolge.

a) 6; 12; 18; ☐; ☐; ☐

b) ☐; ☐; ☐; 32; 40; 48

c) 13; ☐; 39; 52; ☐; ☐

6 Setze die beiden Folgen fort bis zu einem gemeinsamen Vielfachen. Kreise diese rot ein.

a) 6; 12; 18; ______________ und 5; 10; 15; ______________

b) 11; 22; 33; ______________

und 9; 18; 27; ______________

1 a) Eine Zahl ist durch 10 ohne Rest teilbar, wenn die letzte Ziffer 0 ist.
Zahlen mit der Endziffer 5 oder 0 sind durch 5 teilbar.
Entscheide, welche Zahlen durch 2, durch 5 und durch 10 teilbar sind.
Kreuze an.

Info
Gerade Zahlen sind **durch zwei teilbar.**

teilbar	1234	2345	67 890	4321	5432	24 680	55 555
durch 2	☐	☐	☐	☐	☐	☐	☐
durch 5	☐	☐	☐	☐	☐	☐	☐
durch 10	☐	☐	☐	☐	☐	☐	☐

b) Ergänze:

Wenn eine Zahl durch _____ und durch _____ teilbar ist,

so ist sie auch durch _____ teilbar.

Überprüfe den Satz an verschiedenen Beispielen.

5 4 2 12 6 3 10

____

____

2 a) Prüfe die Zahlen auf ihre Teilbarkeit durch 4 und 8.

teilbar	1144	5678	9000	10	100	1000
durch 4	☐	☐	☐	☐	☐	☐
durch 8	☐	☐	☐	☐	☐	☐

Info
Eine Zahl ist **durch vier teilbar,** wenn die Zahl aus den beiden letzten Ziffern durch vier teilbar ist.
Eine Zahl ist **durch acht teilbar,** wenn die Zahl aus den letzten drei Ziffern durch acht teilbar ist.

b) Ergänze:

Wenn eine Zahl durch 4 teilbar ist, so ist sie auch durch _____ teilbar.

Wenn eine Zahl durch 8 teilbar ist, so ist sie auch durch _____ und

durch _____ teilbar.

3 Bilde mit jeweils zwei Kärtchen Zahlen, die durch 2, durch 4, durch 5 oder durch 8 teilbar sind.
Du darfst jedes Kärtchen nur einmal benutzen.
Überprüfe die Teilbarkeit der Zahlen durch Dividieren.

~~12~~ 25 400 21 20 ~~222~~ 50 210

teilbar durch 2: 12 222 , denn 12 222 : 2 = ____________

teilbar durch 4: ____________ , denn ____________

teilbar durch 5: ____________ , denn ____________

teilbar durch 8: ____________ , denn ____________

1 Bilde die Quersumme der Zahl und kreuze an, wenn sie durch 3 und durch 9 teilbar ist.

	96	97	98	99	100	101	102	103
Quersumme								
teilbar durch 3	☐	☐	☐	☐	☐	☐	☐	☐
teilbar durch 9	☐	☐	☐	☐	☐	☐	☐	☐

Info
Die **Quersumme** einer Zahl berechnet man als Summe aller Ziffern dieser Zahl.

Info
Eine Zahl ist **durch 3 teilbar**, wenn ihre Quersumme durch 3 teilbar ist.

Eine Zahl ist **durch 9 teilbar**, wenn ihre Quersumme durch 9 teilbar ist.

2 Wenn du die Teilbarkeitsregeln für die Zahlen 2 und 3 verbindest, bekommst du eine Regel für die Teilbarkeit durch 6.

a) Prüfe die Zahlen und kreuze an.

	666	6666	606 606	33 333	3333	330	90 909
teilbar durch 2	☐	☐	☐	☐	☐	☐	☐
teilbar durch 3	☐	☐	☐	☐	☐	☐	☐
teilbar durch 6	☐	☐	☐	☐	☐	☐	☐

b) Eine Zahl ist durch 6 teilbar, wenn sie ______________________________.

3 Ersetze den Platzhalter durch eine Ziffer so, dass die fünfstellige Zahl die Teilbarkeit erfüllt. Manchmal gibt es mehrere Möglichkeiten.

a) Die Zahl ist durch 3 teilbar: 456☐7 456☐7 456☐7

b) Die Zahl ist durch 9 teilbar: 456☐7 456☐7 456☐7

c) Die Zahl ist durch 3, aber nicht durch 9 teilbar: 56☐78 56☐78

d) Die sechsstellige Zahl enthält zwei Platzhalter. Finde mindestens vier Möglichkeiten, die Platzhalter so zu füllen, dass die Zahl durch 9 teilbar ist.

123☐45☐ 123☐45☐ 123☐45☐ 123☐45☐

Tipp
Denke zuerst darüber nach, welche Zahlen sich zum Einsetzen eignen.

4 a) Suche die am nächsten liegenden Zahlen, die durch 3, durch 6 und durch 9 teilbar sind.

	durch 3 teilbar	durch 6 teilbar	durch 9 teilbar
233			
4448			
23 456			

b) Jonah sagt: „Wenn eine Zahl durch 9 teilbar ist, ist sie auch durch 3 teilbar."

Überprüfe diese Behauptung durch Rechnung. ______________________________

Darauf sagt Hannah: „Dann muss ja eine Zahl, die durch 3 teilbar ist, auch durch 9 teilbar sein."

Wer von Beiden hat falsch gedacht? ______________________________

Finde ein Beispiel, mit dem man den Denkfehler aufzeigen kann. ______________________________

____

1 Sechs der zehn Zahlen sind Primzahlen. Kreuze die Primzahlen an.

11 13 15 17 21 23 27 29 31 33

Prüfe nach, ob der Summenwert dieser sechs Zahlen 124 beträgt.

____

Info
Eine Zahl mit genau zwei Teilern heißt Primzahl.

2 Unter den ersten fünf Zahlen sind drei Primzahlen: 2; 3 und 5.
Warum sind 1 und 4 keine Primzahlen?

1 ist keine Primzahl, weil sie nur ________ Teiler hat.

4 ist keine Primzahl, weil sie ________ Teiler hat.

1 **2** **3** 4 **5**

3 Die beiden Primzahlen 3 und 5 bezeichnet man als Primzahlzwillinge, weil nur eine Zahl dazwischen liegt.
Finde die anderen vier Primzahlzwillinge bis 50.

______ ; ______ ; ______ ; ______

4 Bilde aus den sechs Kärtchen drei Zahlenpaare und beschreibe, warum sie zusammen gehören.

31 32 11 33 13 12

Tipp
Denke zum Beispiel an Teilbarkeit …

☐ und ☐ : ______________________________

☐ und ☐ : ______________________________

☐ und ☐ : ______________________________

5 Wenn man PRIM rückwärts schreibt, erhält man MIRP.
Zur PRIMzahl 13 gehört die MIRPzahl 31. Die Zahl 31 ist auch eine Primzahl wie 13. Das klappt auch bei 17 und 71 oder bei 79 und 97.

Finde ein weiteres Beispiel ______________

und ein Gegenbeispiel ______________ .

6 Warum sind die folgenden Zahlen sicher keine Primzahlen?

a) 135 790; 24 680; 33 330 ______________________________

b) 123; 231; 132 ______________________________

c) 4444; 55 555; 666 666 ______________________________

Tipp
Denke beim Prüfen an die Teilbarkeitsregeln.

7 Eine der beiden Zahlen ist eine Primzahl. Unterstreiche die Primzahl und begründe deine Entscheidung.

a) 23 und 32 ______________________________

b) 31 und 39 ______________________________

1 Welcher Bruchteil ist eingefärbt?

a) $\frac{\square}{\square}$ 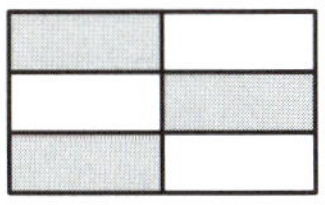 b) $\frac{\square}{\square}$ 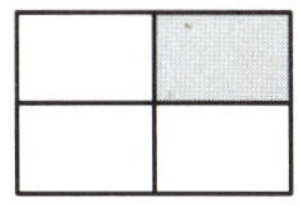 c) $\frac{\square}{\square}$ 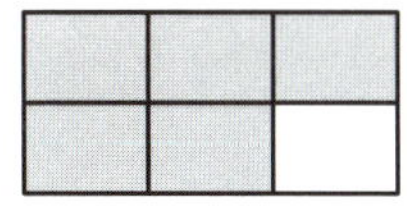

Info

$\frac{4}{7}$ – Zähler, Bruchstrich, Nenner } Bruch

2 a) Schreibe jeweils drei Brüche auf

mit dem Zähler 5 $\frac{\square}{\square}$; $\frac{\square}{\square}$; $\frac{\square}{\square}$ und mit dem Nenner 7. $\frac{\square}{\square}$; $\frac{\square}{\square}$; $\frac{\square}{\square}$

b) Schreibe drei Brüche auf, bei denen der Nenner um drei größer ist als der Zähler. $\frac{\square}{\square}$; $\frac{\square}{\square}$; $\frac{\square}{\square}$

3 Markiere die Brüche $\frac{1}{2}$; $\frac{1}{4}$; $\frac{3}{4}$; $\frac{7}{8}$ auf der Strecke.

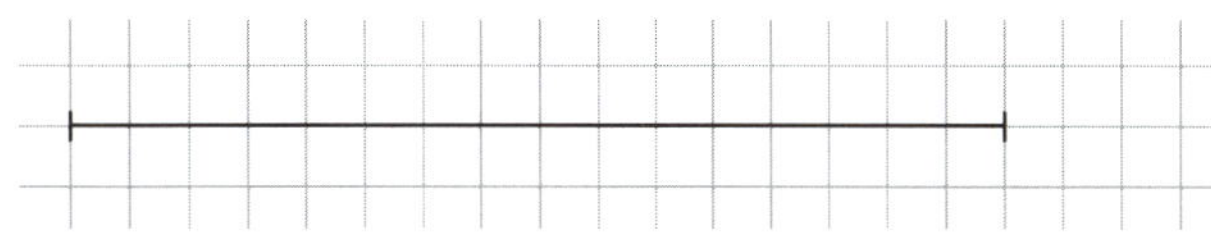

4 Welcher Bruchteil ist eingefärbt, welcher ist weiß geblieben?

a) 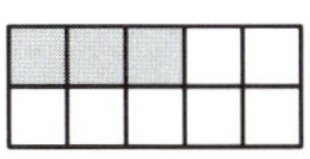 b) 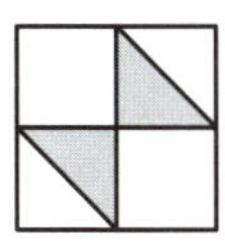 c) 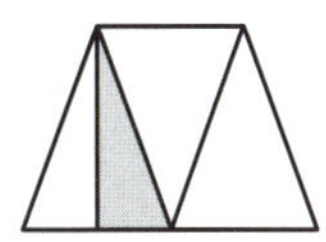

gefärbt: $\frac{\square}{\square}$; weiß: $\frac{\square}{\square}$ gefärbt: $\frac{\square}{\square}$; weiß: $\frac{\square}{\square}$ gefärbt: $\frac{\square}{\square}$; weiß: $\frac{\square}{\square}$

Tipp

Der nicht eingefärbte Teil der Figur ist die Ergänzung auf 1.
Beispiel:
Bei $\frac{3}{4}$ ist es $\frac{1}{4}$.

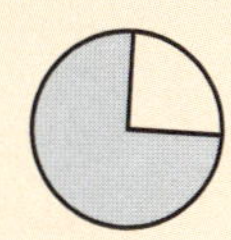

Bei $\frac{5}{7}$ sind es $\frac{2}{7}$.

5 Stelle das Ganze und seine Bruchteile dar.

Rechnung: $\frac{5}{6} + \frac{\square}{6} = \frac{\square}{6} = 1$ $\frac{1}{5} + \frac{\square}{\square} = 1$ $\frac{3}{8} + \frac{\square}{\square} = 1$

zeichnerische Darstellung:

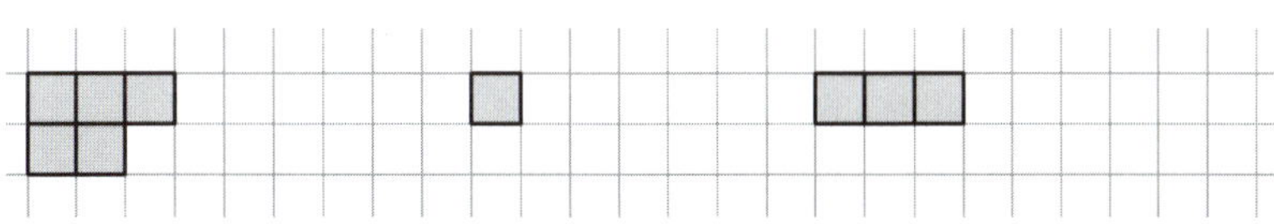

6 a) Der Bruch $\frac{5}{8}$ soll auf drei unterschiedliche Arten veranschaulicht werden. Färbe die Figuren.

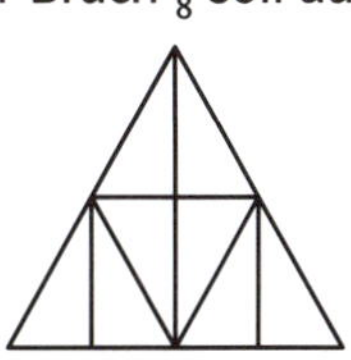 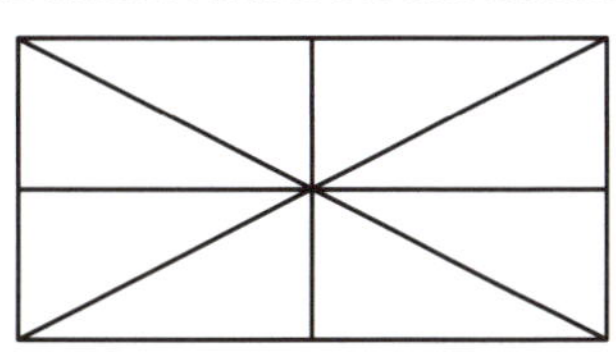 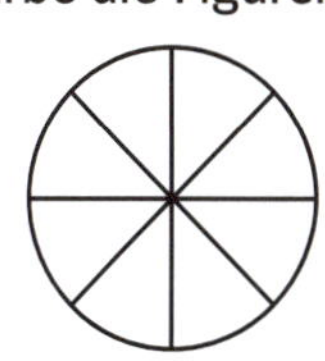

b) Veranschauliche den Bruch $\frac{3}{8}$ ebenso auf drei Arten.

1 Ergänze die Beschriftung des Zahlenstrahls; verwende Brüche.

a)
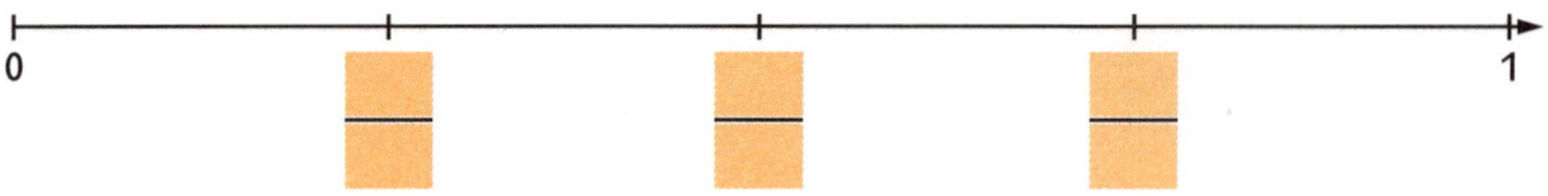

b)
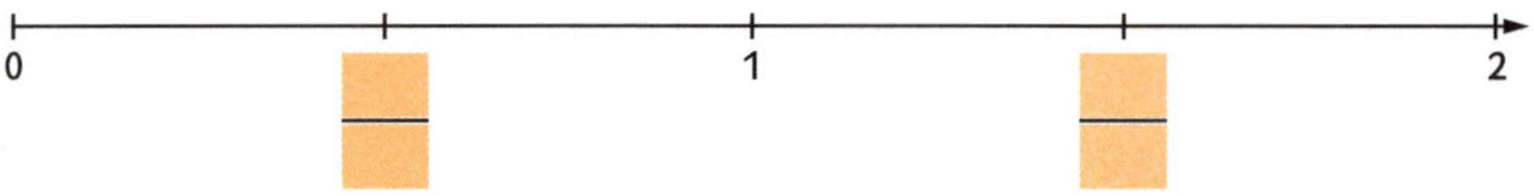

c)

Info
Auf dem Zahlenstrahl sind die Zahlen der Größe nach von links nach rechts angeordnet.

2 Markiere auf dem Zahlenstrahl

a) $\frac{1}{4}$ und $\frac{1}{2}$.

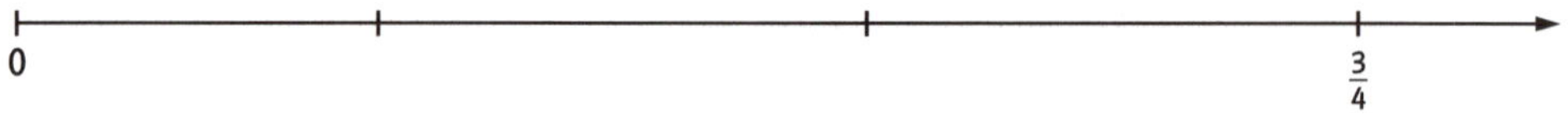

b) $\frac{7}{10}$; $1\frac{1}{2}$ und $\frac{2}{5}$.

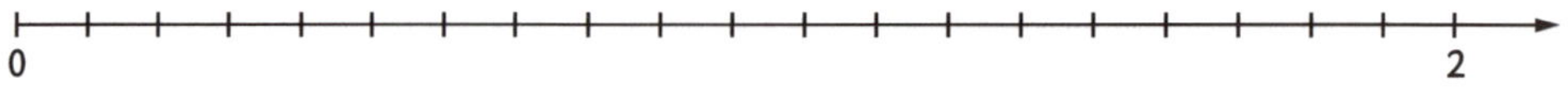

3 Welche Brüche gehören zur selben Bruchzahl? Der Zahlenstrahl kann helfen.

$\frac{1}{4}$ $\frac{16}{20}$ $\frac{4}{16}$ $\frac{5}{10}$ $\frac{1}{2}$ $\frac{2}{8}$ $\frac{4}{5}$ $\frac{8}{10}$ $\frac{2}{4}$

__ = __ = __ ; __ = __ = __ ; __ = __ = __

Info
Alle Brüche, die an derselben Stelle eines Zahlenstrahls stehen, bezeichnen dieselbe Bruchzahl.

4 Der Abschnitt eines Zahlenstrahls von null bis eins ist 10 cm lang.

a) Vervollständige den Zahlenstrahl und markiere die Brüche $\frac{3}{10}$; $\frac{2}{5}$; $\frac{3}{4}$; $\frac{1}{2}$.

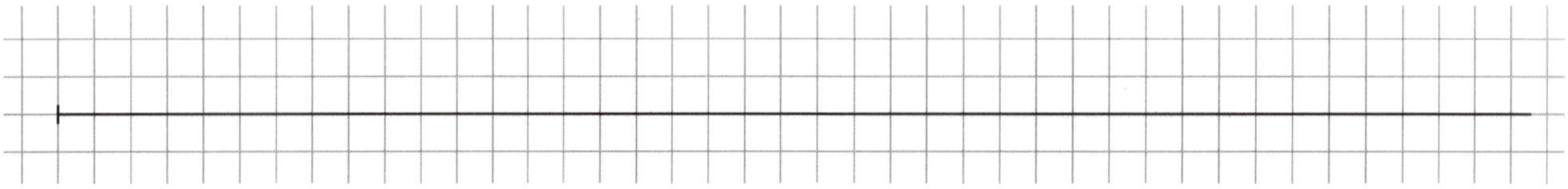

b) Was ändert sich, wenn der Abschnitt des Zahlenstrahls nur 5 cm lang ist?

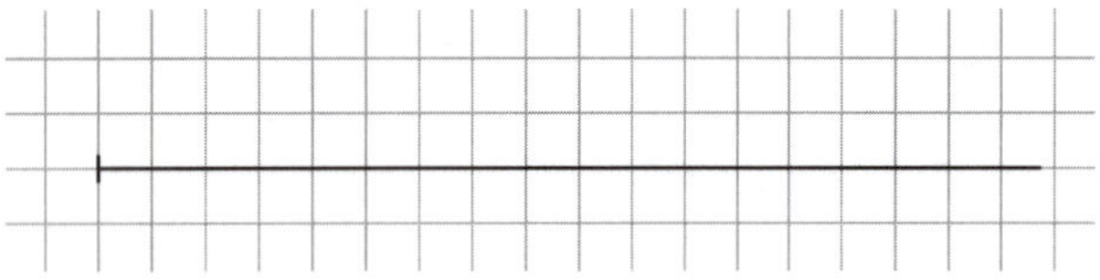

5 Welcher Bruch liegt auf dem Zahlenstrahl genau zwischen

a) $\frac{1}{2}$ und 1? b) 0 und $\frac{1}{10}$? c) $\frac{1}{10}$ und $\frac{1}{2}$?

1 Erweitere zunächst mit 4 und dann nochmals mit 5.

a) $\frac{2}{3} = \frac{\square}{\square} = \frac{\square}{\square}$ b) $\frac{1}{5} = \frac{\square}{\square} = \frac{\square}{\square}$ c) $\frac{3}{8} = \frac{\square}{\square} = \frac{\square}{\square}$

d) $\frac{7}{10} = \frac{\square}{\square} = \frac{\square}{\square}$ e) $\frac{5}{4} = \frac{\square}{\square} = \frac{\square}{\square}$

Info
Werden Zähler und Nenner eines Bruchs mit derselben Zahl multipliziert, so nennt man dies **Erweitern**.

2 Kürze so weit wie möglich.

a) $\frac{2}{4} = \frac{\square}{\square}$ b) $\frac{12}{60} = \frac{\square}{\square}$ c) $\frac{6}{15} = \frac{\square}{\square}$

d) $\frac{16}{24} = \frac{\square}{\square}$ e) $\frac{33}{220} = \frac{\square}{\square}$

Info
Werden Zähler und Nenner eines Bruchs durch dieselbe Zahl dividiert, so nennt man dies **Kürzen**.

3 Hier wird erweitert oder gekürzt. Ergänze die fehlende Zahl.

a) $\frac{1}{2} = \frac{\square}{6}$ b) $\frac{2}{3} = \frac{10}{\square}$ c) $\frac{3}{4} = \frac{\square}{12}$ d) $\frac{15}{25} = \frac{3}{\square}$ e) $\frac{4}{16} = \frac{\square}{4}$ f) $\frac{6}{\square} = \frac{2}{7}$

4 a) Die Brüche $\frac{1}{2}$; $\frac{2}{4}$; $\frac{3}{6}$; $\frac{4}{8}$ und $\frac{5}{10}$ bezeichnen alle dieselbe Bruchzahl.

Die Erweiterungszahlen sind: ____; ____; ____; ____.

b) Erweitere den Bruch $\frac{2}{3}$ mit 2; 4 und 5. $\frac{2}{3} = \frac{\square}{\square} = \frac{\square}{\square} = \frac{\square}{\square}$

5 Veranschauliche den Vorgang des Erweiterns an einem Rechteck.

$\frac{\square}{\square}$

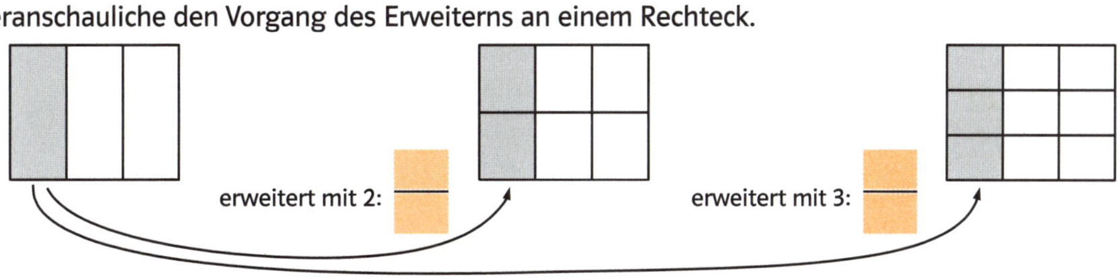

erweitert mit 2: $\frac{\square}{\square}$ erweitert mit 3: $\frac{\square}{\square}$

6 Unterteilt man einen Zahlenstrahl immer feiner, so kann man dort, wo Markierungen direkt untereinander stehen, den Vorgang des Kürzens und Erweiterns gut nachvollziehen.
Markiere mit Pfeilen auf den Zahlenstrahlen Brüche, die zur selben Bruchzahl gehören.

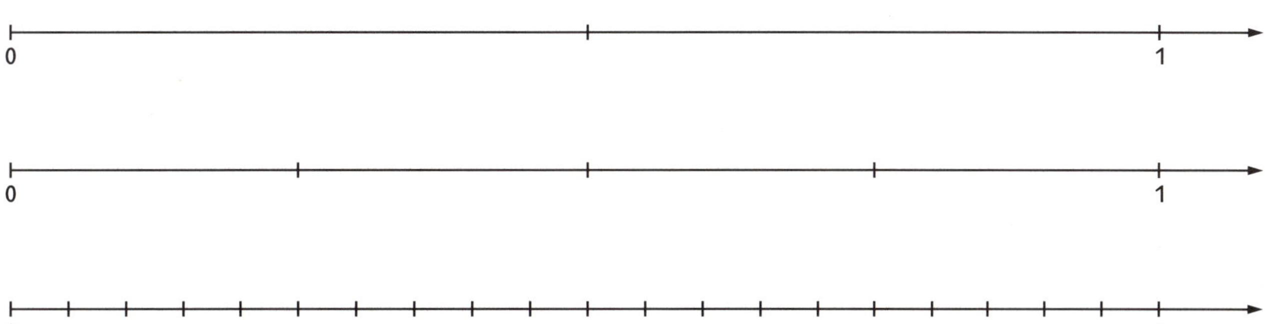

$\frac{\square}{\square} = \frac{\square}{\square}$ $\frac{\square}{\square} = \frac{\square}{\square} = \frac{\square}{\square}$ $\frac{\square}{\square} = \frac{\square}{\square}$

1 Bringe beide Brüche auf denselben Nenner.

a) $\frac{1}{4}$ und $\frac{1}{8}$ $\frac{\square}{\square}$ und $\frac{\square}{\square}$

b) $\frac{3}{5}$ und $\frac{6}{10}$ $\frac{\square}{\square}$ und $\frac{\square}{\square}$

c) $\frac{1}{4}$ und $\frac{3}{20}$ $\frac{\square}{\square}$ und $\frac{\square}{\square}$

d) $\frac{5}{6}$ und $\frac{5}{7}$ $\frac{\square}{\square}$ und $\frac{\square}{\square}$

e) $\frac{3}{4}$ und $\frac{5}{6}$ $\frac{\square}{\square}$ und $\frac{\square}{\square}$

f) $\frac{7}{10}$ und $\frac{2}{25}$ $\frac{\square}{\square}$ und $\frac{\square}{\square}$

Tipp
Brüche mit gleichen Nennern lassen sich besonders gut vergleichen.

2 Vergleiche die Brüche. Setze eines der Zeichen <, > oder = passend ein.

$\frac{2}{6} \square \frac{5}{6}$; $\frac{4}{5} \square \frac{8}{10}$; $\frac{1}{7} \square \frac{1}{8}$; $\frac{3}{5} \square \frac{3}{10}$; $\frac{2}{3} \square \frac{3}{2}$; $\frac{3}{4} \square \frac{2}{3}$; $\frac{4}{5} \square \frac{99}{100}$; $\frac{90}{100} \square \frac{9}{10}$

3 Ordne nach der Größe, beginne mit dem kleinsten Bruch.

a) $\frac{4}{9}$; $\frac{1}{9}$; $\frac{8}{9}$; $\frac{2}{9}$; $\frac{7}{9}$; $\frac{5}{9}$ $\frac{\square}{\square} < \frac{\square}{\square} < \frac{\square}{\square} < \frac{\square}{\square} < \frac{\square}{\square} < \frac{\square}{\square}$

b) $\frac{3}{7}$; $\frac{3}{8}$; $\frac{3}{5}$; $\frac{3}{10}$; $\frac{3}{4}$; $\frac{3}{14}$ $\frac{\square}{\square} < \frac{\square}{\square} < \frac{\square}{\square} < \frac{\square}{\square} < \frac{\square}{\square} < \frac{\square}{\square}$

c) $\frac{3}{16}$; $\frac{5}{8}$; $\frac{1}{4}$; $\frac{3}{8}$; $\frac{3}{4}$; $\frac{11}{16}$ $\frac{\square}{\square} < \frac{\square}{\square} < \frac{\square}{\square} < \frac{\square}{\square} < \frac{\square}{\square} < \frac{\square}{\square}$

4 Beim Ordnen von Brüchen ist es oft hilfreich, wenn man eine Vergleichsgröße zuhilfe nimmt. So kann man beim Vergleichen von $\frac{4}{9}$ und $\frac{5}{8}$ beide Brüche mit $\frac{1}{2}$ vergleichen.
$\frac{4}{9}$ ist sicher kleiner als $\frac{1}{2}$, weil 4 kleiner als die Hälfte von 9 ist.
Entsprechend ist $\frac{5}{8}$ größer als $\frac{1}{2}$, weil 5 größer als die Hälfte von 8 ist.

Vergleiche die beiden Brüche $\frac{5}{6}$ und $\frac{6}{5}$: $\frac{5}{6} \square \frac{6}{5}$

Gib die Vergleichsgröße an und begründe damit deine Entscheidung.

______

______

5 Ordne die Brüche der richtigen Schachtel zu.

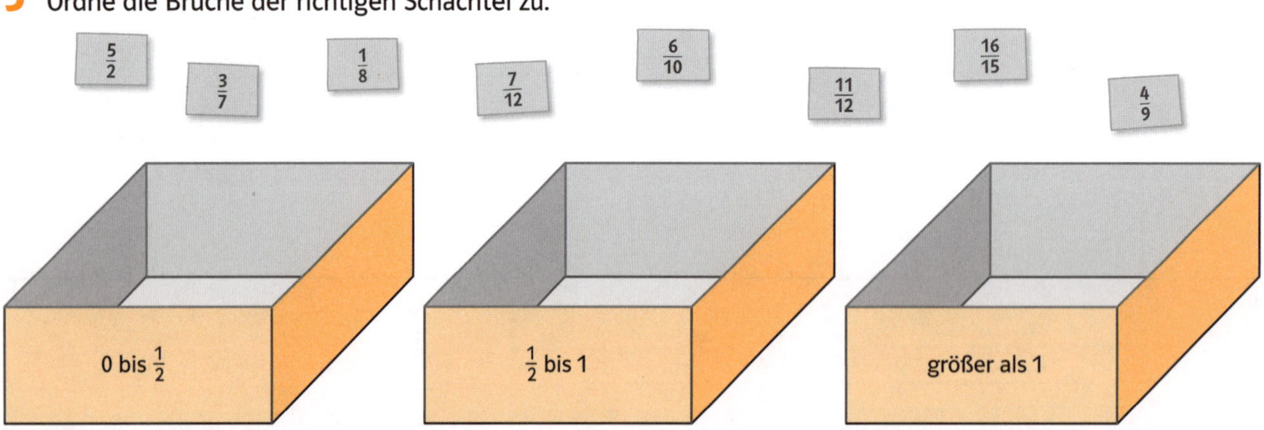

1 Wandle die Brüche um in Hundertstelbrüche und schreibe in Prozent.

a) $\frac{7}{10} = \frac{70}{100} = 70\,\%$ b) $\frac{13}{50} = \frac{\square}{\square} = \square\,\%$ c) $\frac{7}{20} = \frac{\square}{\square} = \square\,\%$

d) $\frac{4}{40} = \frac{\square}{\square} = \square\,\%$ e) $\frac{9}{200} = \frac{\square}{\square} = \square\,\%$ f) $\frac{3}{25} = \frac{\square}{\square} = \square\,\%$

Info
Prozentangaben sind Brüche mit dem Nenner 100.

2 Prozentangaben findest du im Alltag häufig. Was bedeuten diese Angaben?

a) 55 % Fruchtgehalt im Orangensaft

b) alle Shirts um 30 % ermäßigt

c) Klassensprecherwahl: 60 % der Stimmen für Marcel

3 Gib in Prozent an.

die Hälfte: ____________ ein Viertel: ____________ jeder Fünfte: ____________

sieben von zehn: ____________ 27 von 100: ____________ der dritte Teil: ____________

4 Stelle selbst auch eine Hundertertafel als Hilfe her.

a) Gib für jede grau unterlegte Fläche an, wie viel Prozent sie jeweils ausmacht.

b) Färbe in dem Hunderterfeld 15 % blau und 7 % grün ein.

1	2	3	4	5	6	7	8	9	10
11	12	13	14	15	16	17	18	19	20
21	22	23	24	25	26	27	28	29	30
31	32	33	34	35	36	37	38	39	40
41	42	43	44	45	46	47	48	49	50
51	52	53	54	55	56	57	58	59	60
61	62	63	64	65	66	67	68	69	70
71	72	73	74	75	76	77	78	79	80
81	82	83	84	85	86	87	88	89	90
91	92	93	94	95	96	97	98	99	100

Tipp
Die Veranschaulichung im Hunderterfeld hilft bei der Vorstellung von Prozenten.

5 Färbe die angegebenen Prozentanteile in den Figuren ein.

a) 75 %

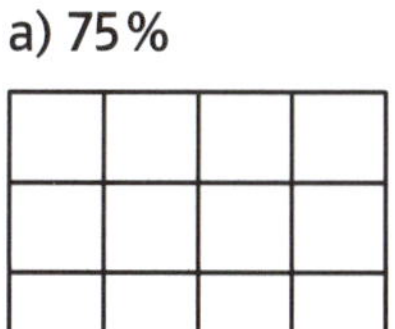

b) 25 %

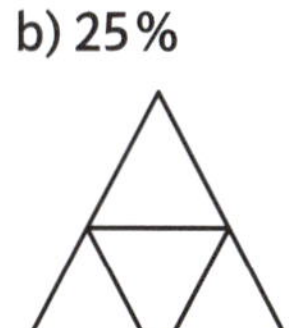

c) 40 %

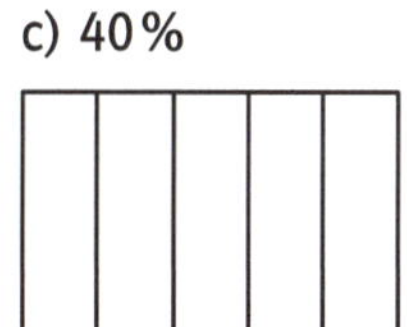

d) 12,5 %

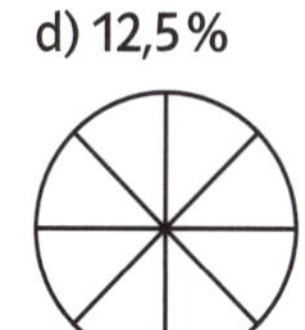

6 Gib an, wie viel Prozent dargestellt sind.

a) ________ %

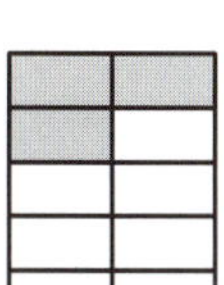

b) ________ %

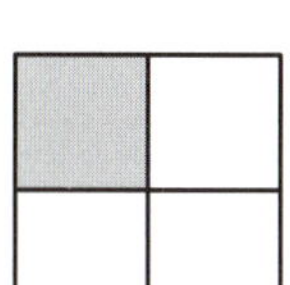

c) ________ %

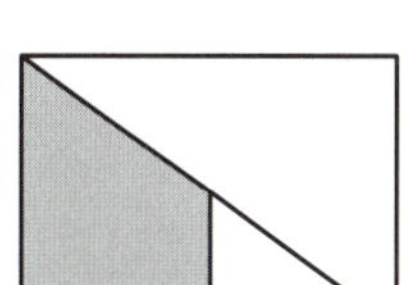

d) ________ %

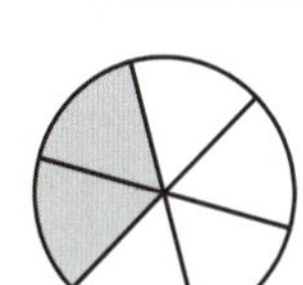

Das habe ich gelernt.

1 Kreuze an, durch welche Zahlen ohne Rest geteilt werden kann.

	teilbar durch 2	teilbar durch 3	teilbar durch 4	teilbar durch 5	teilbar durch 6	teilbar durch 9
1234	☐	☐	☐	☐	☐	☐
4321	☐	☐	☐	☐	☐	☐
2013	☐	☐	☐	☐	☐	☐
4560	☐	☐	☐	☐	☐	☐
5544	☐	☐	☐	☐	☐	☐

2 Nebeneinander gelegt bilden jeweils zwei Kärtchen eine Primzahl.

_________ ; _________ ;

_________ ; _________

3 6 7 4 8 9 1 1

3 Welche Brüche sind durch die grauen, welche durch die weißen Anteile dargestellt?

a) weiß: ____ grau: ____

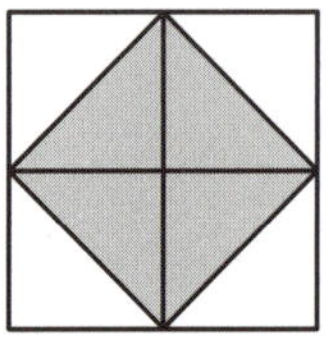

b) weiß: ____ grau: ____

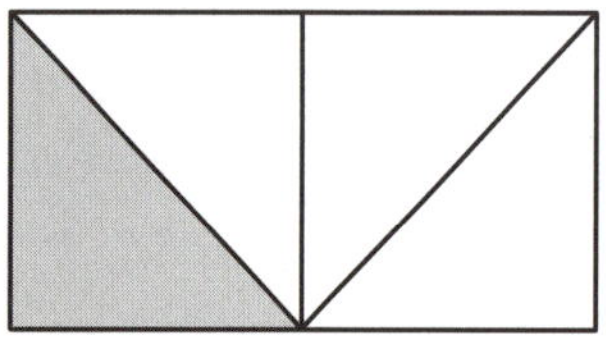

c) weiß: ____ grau: ____

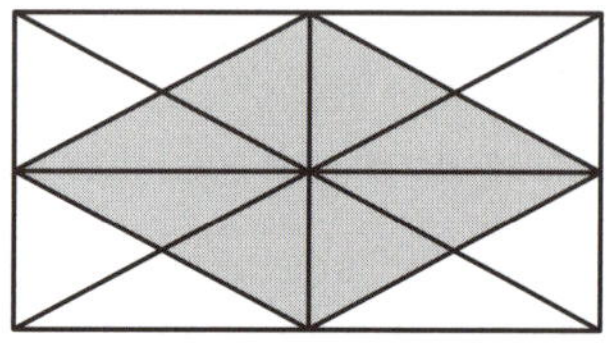

4 Jana behauptet: „Die beiden Brüche $\frac{6}{24}$ und $\frac{12}{48}$ haben denselben Wert." Hat Jana recht? ☐ ja / ☐ nein

Erkläre deine Meinung. ______________________________

____

5 Welche Behauptung ist richtig, welche falsch? Kreuze an.

	richtig	falsch
a) Beim Erweitern wird nur der Zähler größer, der Nenner bleibt gleich groß.	☐	☐
b) Bei einem Ganzen sind Zähler und Nenner gleich groß.	☐	☐
c) Man kann immer zuerst mit zwei kürzen.	☐	☐
d) Erweitern und Kürzen ändern nichts am Wert des Bruchs.	☐	☐

6 Markiere die Brüche $\frac{1}{2}$; $\frac{1}{4}$; $\frac{5}{8}$; $\frac{7}{8}$ auf einem Zahlenstrahl mit der Einheit 8 cm.

7 a) Schreibe die Prozentangaben zuerst als Hunderterbruch und dann als gekürzten Bruch.

10 % = ―― = ――   25 % = ―― = ――   15 % = ―― = ――   45 % = ―― = ――   5 % = ―― = ――

b) Trage die Prozentangaben in das 10 cm lange Streifendiagramm ein. Was stellst du fest?

____

Wo stehe ich?

Ich kann …	So schätze ich mich selbst ein:	Meine Testergebnisse:
1 Bruchteile in Darstellungen erkennen und Brüche selbst darstellen.	☺ 😐 ☹	☺ 😐 ☹
2 Größenangaben in Bruchschreibweise notieren.	☺ 😐 ☹	☺ 😐 ☹
3 gemischte Zahlen in Brüche umwandeln.	☺ 😐 ☹	☺ 😐 ☹
4 Brüche am Zahlenstrahl ordnen.	☺ 😐 ☹	☺ 😐 ☹
5 Brüche erweitern.	☺ 😐 ☹	☺ 😐 ☹
6 Brüche kürzen.	☺ 😐 ☹	☺ 😐 ☹
7 Brüche der Größe nach vergleichen.	☺ 😐 ☹	☺ 😐 ☹

Test zur Überprüfung deiner Selbsteinschätzung

1 a) Welche Bruchanteile sind hier eingefärbt?

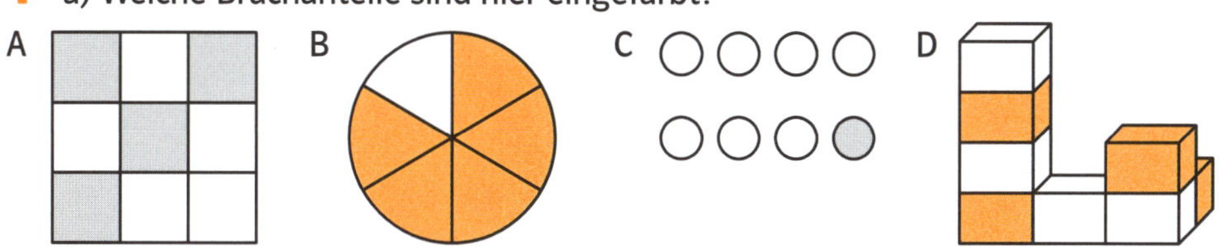

b) Stelle die Brüche dar.

E: $\frac{3}{4}$ F: $\frac{3}{8}$ G: $\frac{1}{6}$

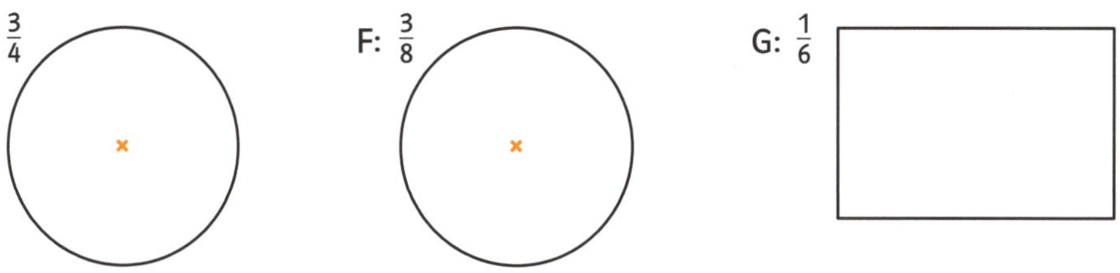

☺ 😐 ☹
Ich übe nochmal:
→ Seite 81 | Aufgaben 1 und 2
→ Seite 14 | Aufgabe 5 b)

2 Ergänze die Tabelle.

in Worten	in Bruchschreibweise	in Dezimalschreibweise
ein halber Liter Milch		
		0,5 kg
	$\frac{1}{4}$ h	
drei Viertel einer Pizza		
		1,5 l
	$7\frac{1}{2}$ t	

☺ 😐 ☹
Ich übe nochmal:
→ Seite 81 | Aufgabe 2

3 a) Wandle die gemischte Zahl in einen Bruch um.

$2\frac{1}{2}$ = $\frac{\square}{\square}$ $1\frac{5}{8}$ = $\frac{\square}{\square}$ $6\frac{2}{3}$ = $\frac{\square}{\square}$ $3\frac{7}{11}$ = $\frac{\square}{\square}$

b) Schreibe als gemischte Zahl.

$\frac{6}{5}$ = $\square\frac{\square}{\square}$ $\frac{10}{3}$ = $\square\frac{\square}{\square}$ $\frac{25}{4}$ = $\square\frac{\square}{\square}$ $\frac{100}{9}$ = $\square\frac{\square}{\square}$

Ich übe nochmal:
→ Seite 81 | Aufgabe 3

4 Markiere die Brüche am Zahlenstrahl.

$\frac{7}{10}$ $\frac{1}{5}$ $\frac{7}{7}$ $\frac{6}{5}$ $\frac{2}{5}$

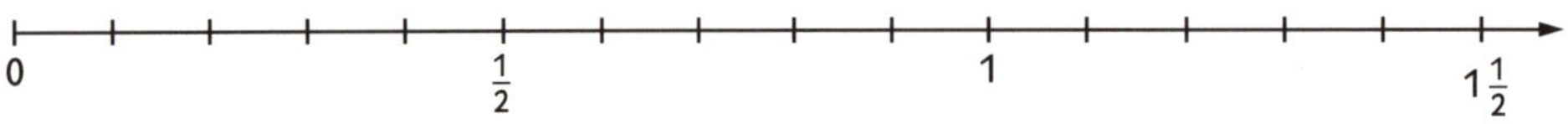

Ich übe nochmal:
→ Seite 81 | Aufgabe 4
→ Seite 14 | Aufgabe 6
→ Seite 20 | Aufgaben 1 und 2

5 Erweitere die Brüche.

Bruch	erweitert mit 2	erweitert mit 5	erweitert auf den Nenner 36
$\frac{2}{3}$	$\frac{4}{6}$		
$\frac{5}{6}$			
$\frac{1}{9}$			
$\frac{11}{12}$			

Ich übe nochmal:
→ Seite 81 | Aufgabe 5
→ Seite 21 | Aufgaben 1 und 5

6 Kürze die Brüche

a) mit 2:

$\frac{8}{14} = \frac{\square}{7}$ $\frac{18}{10} = \frac{\square}{\square}$ $\frac{24}{38} = \frac{\square}{\square}$ $\frac{150}{202} = \frac{\square}{\square}$

b) so weit wie möglich:

$\frac{16}{32} = \frac{\square}{16} = \frac{\square}{8} = \frac{\square}{4} = \frac{\square}{\square}$ $\frac{36}{48} = \frac{\square}{24} = \frac{\square}{\square} = \frac{\square}{\square}$

Ich übe nochmal:
→ Seite 81 | Aufgabe 5
→ Seite 21 | Aufgabe 2

7 Ordne die Brüche der Größe nach.

a) $\frac{1}{2}$; $\frac{2}{3}$; $\frac{2}{6}$: $\frac{\square}{\square} < \frac{\square}{\square} < \frac{\square}{\square}$ b) $\frac{3}{5}$; $\frac{5}{8}$; $\frac{13}{20}$: $\frac{\square}{\square} < \frac{\square}{\square} < \frac{\square}{\square}$

Ich übe nochmal:
→ Seite 81 | Aufgabe 6
→ Seite 22 | Aufgaben 1 bis 4

1 Schreibe die passende Additionsaufgabe und notiere das Ergebnis.

a) 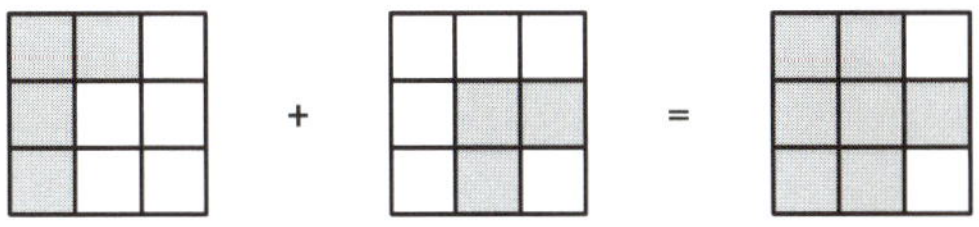

$\frac{4}{9} + \frac{3}{9} = \frac{\square}{\square}$

b) 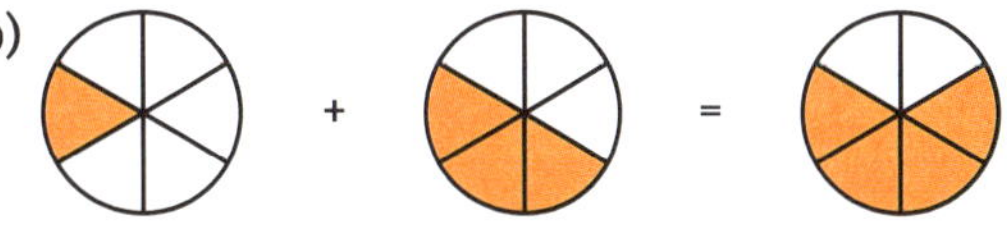

$\frac{\square}{\square} + \frac{\square}{\square} = \frac{\square}{\square}$

c) 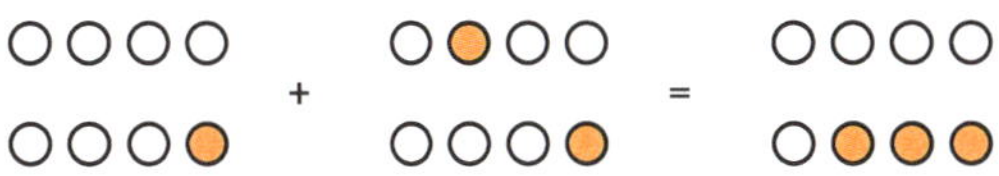

$\frac{\square}{\square} + \frac{\square}{\square} = \frac{\square}{\square}$

d) 

$\frac{\square}{\square} + \frac{\square}{\square} = \frac{\square}{\square}$

e) 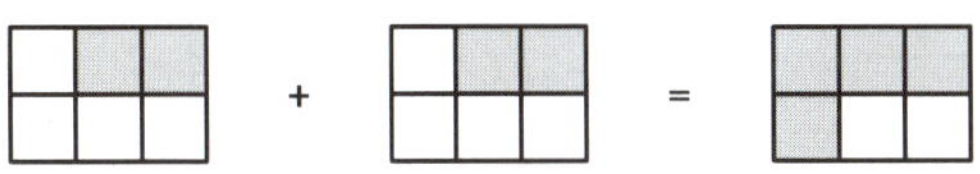

$\frac{\square}{\square} + \frac{\square}{\square} = \frac{\square}{\square}$

f) 

$\frac{\square}{\square} + \frac{\square}{\square} = \frac{\square}{\square}$

2 Berechne.

a) $\frac{1}{6} + \frac{4}{6} = \frac{\square}{\square}$

$\frac{2}{5} + \frac{2}{5} = \frac{\square}{\square}$

$\frac{4}{11} + \frac{3}{11} = \frac{\square}{\square}$

b) $\frac{7}{9} - \frac{2}{9} = \frac{\square}{\square}$

$\frac{6}{7} - \frac{5}{7} = \frac{\square}{\square}$

$\frac{3}{14} - \frac{2}{14} = \frac{\square}{\square}$

c) $\frac{1}{9} + \frac{4}{9} + \frac{2}{9} = \frac{\square}{\square}$

$\frac{3}{5} + \frac{2}{5} = \frac{\square}{\square} = \square$

$\frac{4}{17} + \frac{10}{17} + \frac{2}{17} + \frac{5}{17} = \frac{\square}{\square}$

d) $\frac{1}{9} + \frac{7}{9} - \frac{2}{9} = \frac{\square}{\square}$

$\frac{3}{5} + \frac{2}{5} - \frac{3}{5} = \frac{\square}{\square}$

$\frac{4}{5} + \frac{3}{5} - \frac{6}{5} + \frac{2}{5} = \frac{\square}{\square}$

3 Fülle die Mauer vollständig aus.

a) 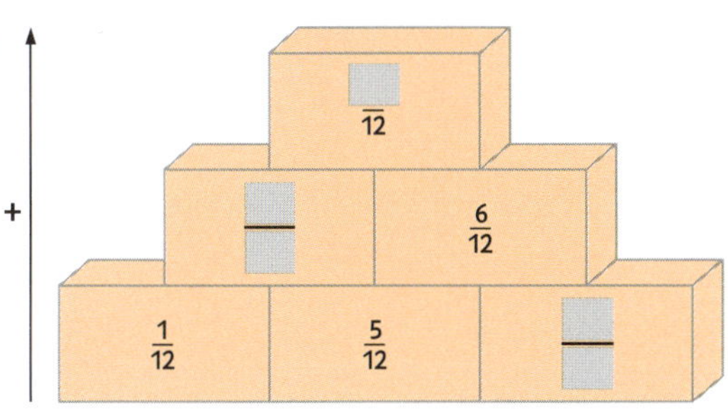

b) 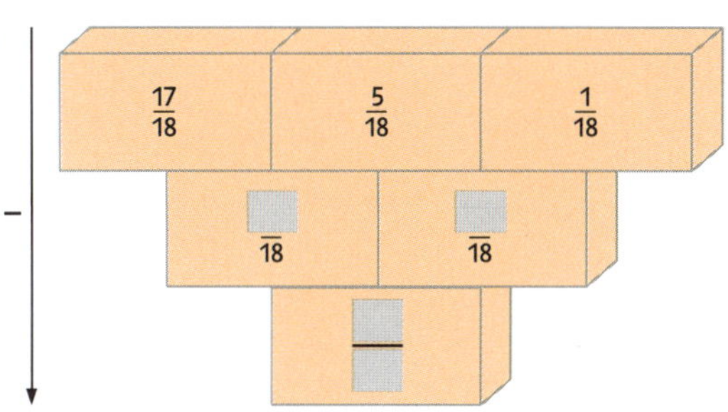

4 Setze die fehlenden Zahlen ein. Das Ergebnis ist immer ein Ganzes.

a) $\frac{1}{3} + \frac{\square}{\square} = \frac{3}{3}$

b) $\frac{\square}{11} + \frac{8}{\square} = \frac{11}{\square}$

c) $\frac{7}{4} - \frac{\square}{\square} = \frac{4}{4}$

d) $\frac{9}{9} = \frac{\square}{\square} + \frac{\square}{9}$

5 Berechne. Kürze, wenn möglich.

a) $\frac{1}{7} + \frac{4}{7} + \frac{2}{7} = \frac{\square}{\square} = \square$

b) $\frac{2}{9} + \frac{4}{9} - \frac{3}{9} = \frac{\square}{\square} = \frac{\square}{\square}$

c) $\frac{1}{6} + \frac{7}{6} - \frac{4}{6} + \frac{2}{6} = \frac{\square}{\square} = \square$

1 Wandle die beiden angegebenen Brüche in gleichnamige Brüche um und addiere sie. Färbe dazu auch die Bruchdarstellungen richtig ein. Kürze, wenn möglich.

ungleichnamige Brüche	gleichnamig gemacht	Ergebnis der Addition
a) $\frac{1}{3} + \frac{1}{2}$ 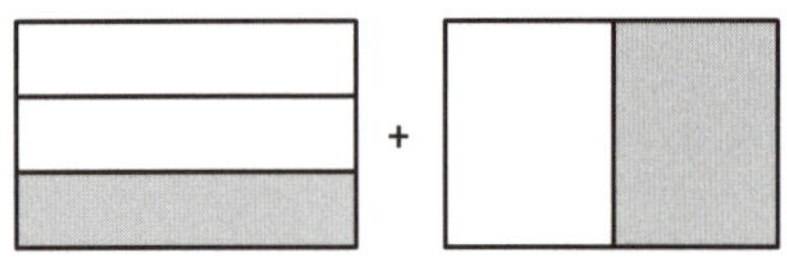	$\frac{2}{6} + \frac{3}{6}$ 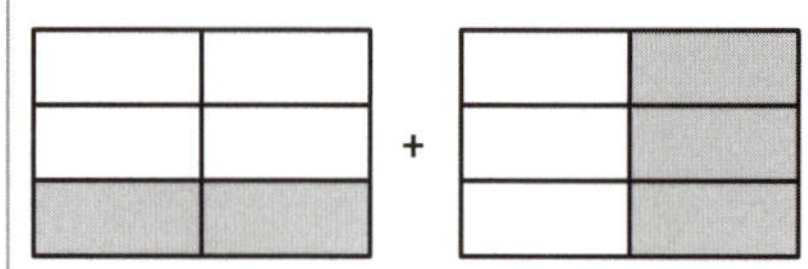	$\frac{\square}{\square}$ 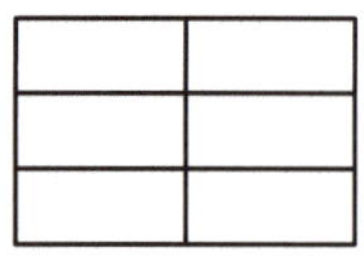
b) $\frac{1}{5} + \frac{2}{3}$ 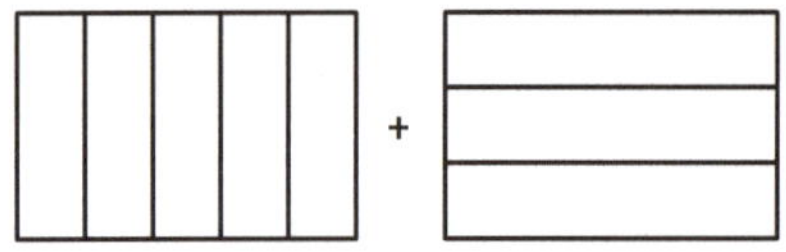	$\frac{\square}{\square} + \frac{\square}{\square}$ 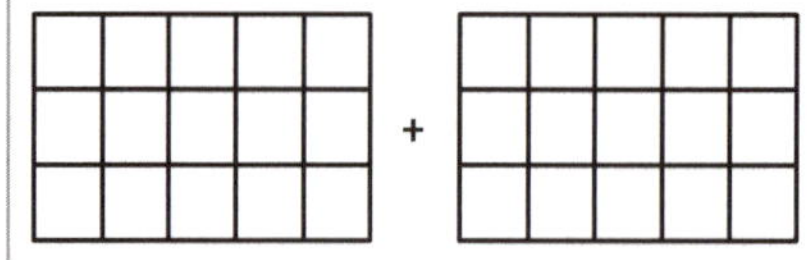	$\frac{\square}{\square}$ 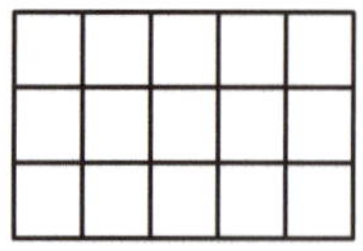
c) $\frac{1}{4} + \frac{2}{3}$ 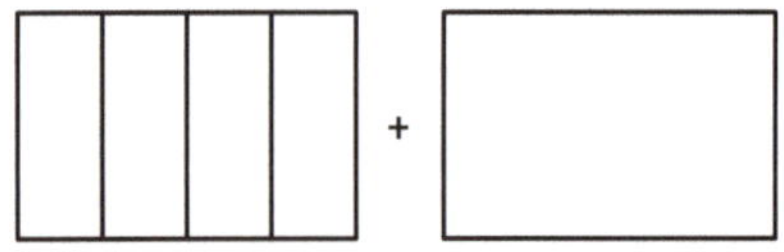	$\frac{\square}{\square} + \frac{\square}{\square}$ 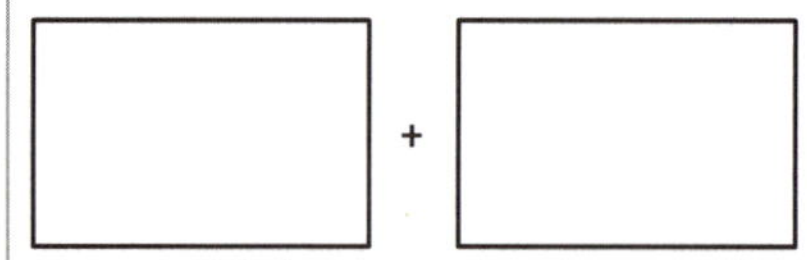	$\frac{\square}{\square}$ 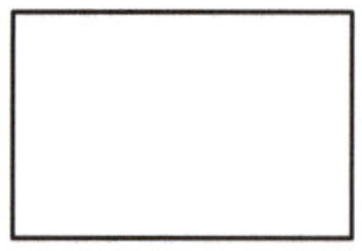

2 Fülle die Tabelle aus und berechne.

Aufgabe	gemeinsamer Nenner	gleichnamig gemacht	Ergebnis
a) $\frac{1}{3} + \frac{1}{6}$	6	$\frac{2}{6} + \frac{1}{6}$	$\frac{3}{6} = \frac{1}{2}$
b) $\frac{3}{7} + \frac{1}{5}$			
c) $\frac{8}{9} - \frac{1}{3}$			
d) $\frac{11}{12} - \frac{1}{8}$			
e) $\frac{3}{4} + \frac{1}{2} + \frac{5}{8}$			
f) $\frac{4}{5} - \frac{1}{2} + \frac{2}{5}$			

3 Fülle die Mauer vollständig aus.

a) 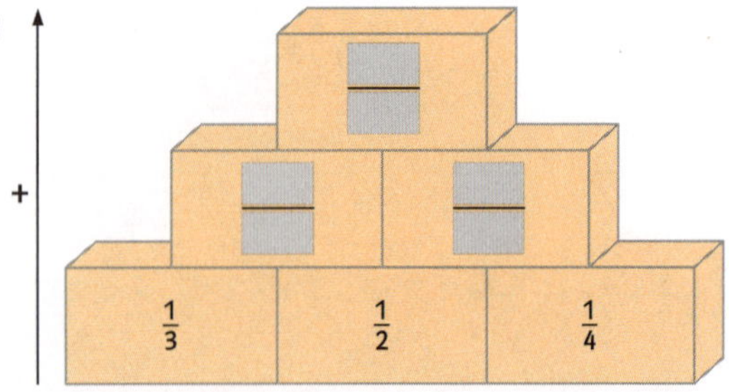

b) 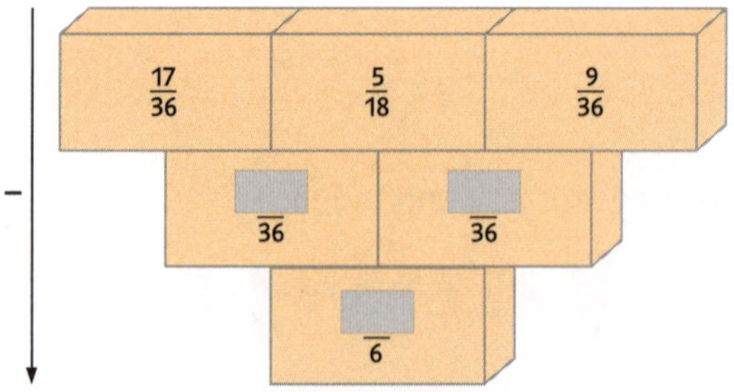

1 Welche Aufgabe und welches Ergebnis passt zu einer Darstellung?
Markiere die Darstellung und die passenden Kärtchen mit einer Farbe.

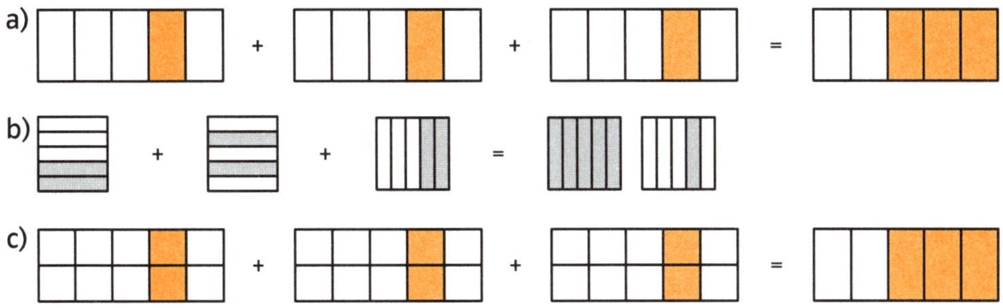

$3 \cdot \frac{1}{5} = \frac{3}{5}$

$3 \cdot \frac{2}{5}$

$\frac{3}{5}$

$3 \cdot \frac{2}{10} = \frac{6}{10}$

$1\frac{1}{5}$

$\frac{3}{5}$

2 Setze um drei weitere Brüche fort.

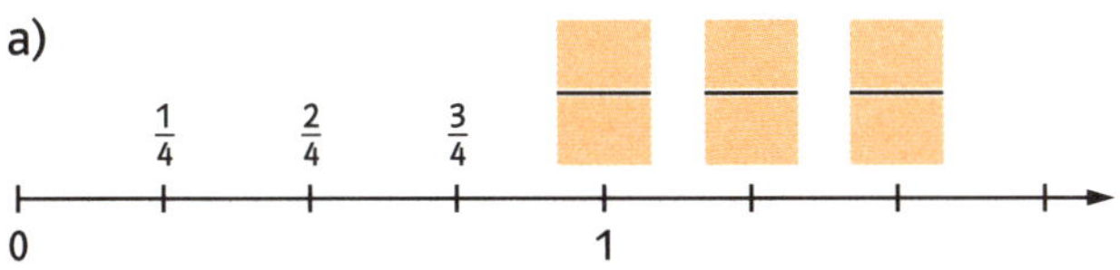

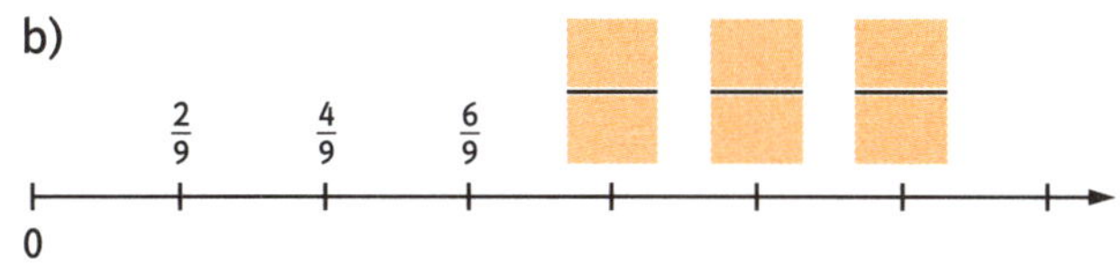

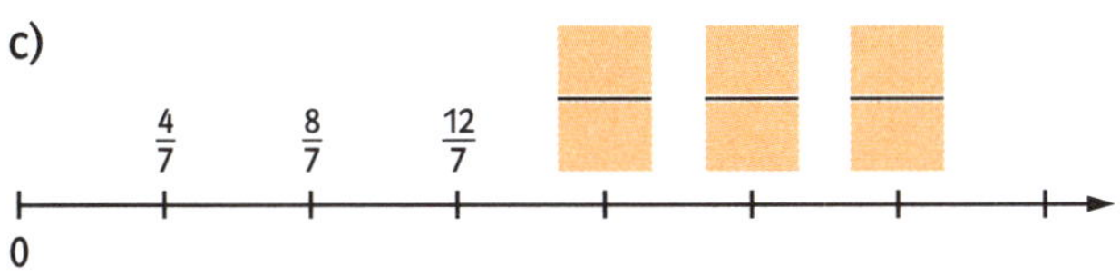

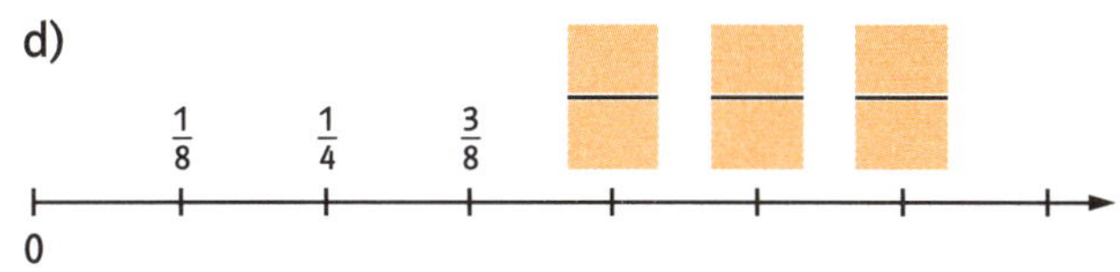

3 In den Kärtchen stehen Vielfache der Brüche $\frac{2}{3}$; $\frac{3}{4}$ oder $\frac{2}{5}$. Ergänze die Kärtchen.

$\frac{9}{4} = 3 \cdot \frac{3}{4}$

$\frac{16}{5} =$

$\frac{4}{3} =$

$\frac{4}{5} =$

$\frac{42}{4} =$

$\frac{30}{4} =$

$2\frac{2}{3} = \frac{\square}{\square} =$

4 Schreibe als Rechenausdruck und löse die Aufgabe.

a) Marina kauft für ihre Party 16 Fläschchen Orangensaft mit jeweils einem drittel Liter Inhalt.

b) Etül backt Pizza. Er möchte, dass jeder Gast drei Pizzahälften bekommt. Insgesamt erwartet er vier Gäste.

c) Rebecca schneidet einen Kuchen in 16 Teile auf. Ihre Mutter, ihr Vater und sie selbst essen jeweils drei Stücke.

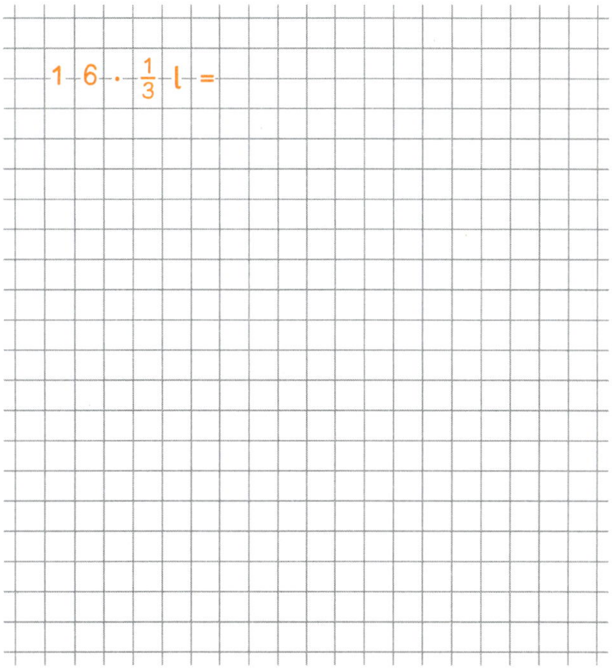

1 Ergänze die Tabelle.

	Situation	Darstellung	Rechnung	Ergebnis
a)	Paul teilt seine viertel Pizza in zwei Teile.	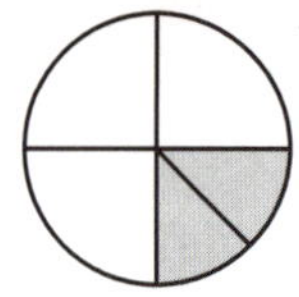	$\frac{1}{4} : 2$	$\frac{1}{4} : 2 = \frac{1}{4 \cdot 2} = \frac{1}{8}$
b)	Sergio hat eine halbe Tafel Schokolade, die er in vier gleiche Stücke teilt.			
c)			$\frac{1}{3} : 3$	
d)		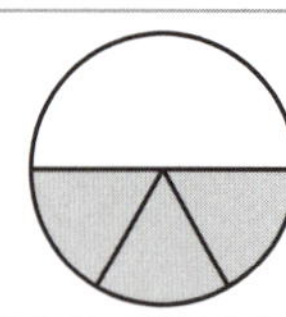		

2 Berechne. Notiere auch jeweils den Zwischenschritt. Gib das Ergebnis möglichst gekürzt an.

a) $\frac{1}{4} : 3 = \frac{1}{4 \cdot 3} = \frac{\square}{\square}$
b) $\frac{3}{7} : 2 = \frac{\square}{\square} = \frac{\square}{\square}$
c) $\frac{7}{9} : 5 = \frac{\square}{\square} = \frac{\square}{\square}$
d) $\frac{8}{3} : 3 = \frac{\square}{\square} = \frac{\square}{\square}$

e) $\frac{5}{5} : 5 = \frac{\square}{\square} = \frac{\square}{\square}$
f) $\frac{3}{2} : 6 = \frac{\square}{\square} = \frac{\square}{\square}$
g) $\frac{5}{8} : 7 = \frac{\square}{\square} = \frac{\square}{\square}$
h) $3\frac{3}{4} : 9 = \frac{\square}{\square} = \frac{\square}{\square}$

3 Ergänze.

a) $\frac{5}{8} : \square = \frac{5}{16}$
b) $\frac{2}{3} : \square = \frac{2}{9}$
c) $\frac{4}{3} : \square = \frac{1}{3}$
d) $\frac{2}{5} : \square = \frac{\square}{25}$

e) $\frac{6}{7} : \square = \frac{\square}{21}$
f) $\frac{8}{7} : \square = \frac{\square}{14}$
g) $\frac{\square}{3} : \square = \frac{1}{3}$
h) $1\frac{1}{13} : \square = \frac{2}{3}$

4 Teile einen Bruch im grauen Kärtchen durch eine Zahl im orangen Kärtchen. Stelle Aufgaben zusammen und berechne sie im Heft. Schreibe deine Rechnungen in die Tabelle.

Graue Kärtchen: $\frac{1}{4}$, $\frac{13}{3}$, $\frac{5}{2}$, $\frac{3}{7}$, $\frac{9}{5}$

Orange Kärtchen: 2, 5, 3

Ergebnis kleiner als $\frac{1}{2}$	Ergebnis gleich $\frac{1}{2}$	Ergebnis größer als $\frac{1}{2}$

1 a) Ordne jeder Fragestellung die richtige Rechnung und die passende Darstellung zu.

$\frac{2}{3}\cdot\frac{3}{4}$ |

Wie viel sind $\frac{2}{3}$ von $\frac{2}{3}$? |

$\frac{2}{3}\cdot\frac{2}{3}$ |

A 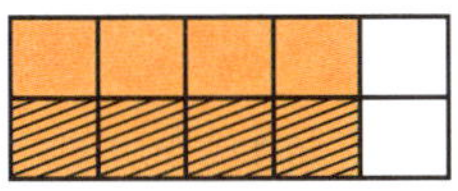

$\frac{4}{5}\cdot\frac{1}{2}$ |

C 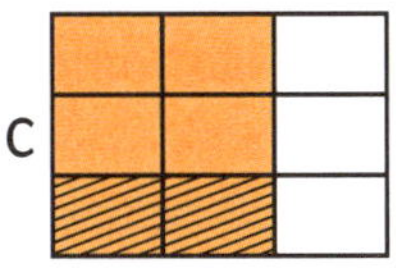

B 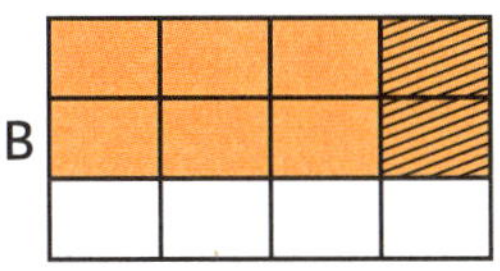

Wie viel sind $\frac{3}{4}$ von $\frac{2}{3}$? |

Wie viel ist $\frac{1}{2}$ von $\frac{4}{5}$? |

> **Tipp**
> Wenn du mit einem Bruch multiplizierst, hast du eigentlich zwei Aufträge in einem.
>
> Multipliziere mit $\frac{2}{3}$ bedeutet:
> 1. Teile durch 3
> 2. Multipliziere mit 2

b) Stelle die Aufgabe $\frac{1}{5}\cdot\frac{3}{4}$ zeichnerisch dar.

2 Berechne. Kürze bevor du multiplizierst.

a) $\frac{1}{4}\cdot\frac{4}{7} = \frac{1\cdot \cancel{4}^1}{_1\cancel{4}\cdot 7} = \frac{}{}$

b) $\frac{6}{7}\cdot\frac{2}{9} = \frac{}{} = \frac{}{}$

c) $\frac{2}{5}\cdot\frac{3}{8} = \frac{}{} = \frac{}{}$

d) $\frac{5}{3}\cdot\frac{9}{15} = \frac{}{} = \frac{}{}$

e) $\frac{13}{18}\cdot\frac{6}{5} = \frac{}{} = \frac{}{}$

f) $\frac{3}{2}\cdot 2\frac{1}{6} = \frac{}{} = \frac{}{}$

3 Fülle die Rechenmauer aus. Gib die Ergebnisse gekürzt an.

a) 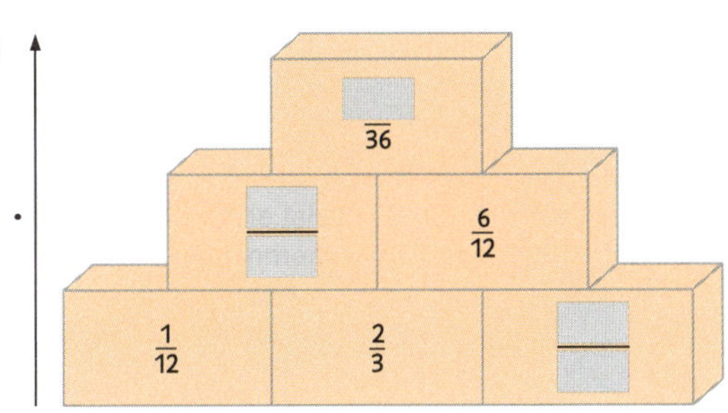

b) 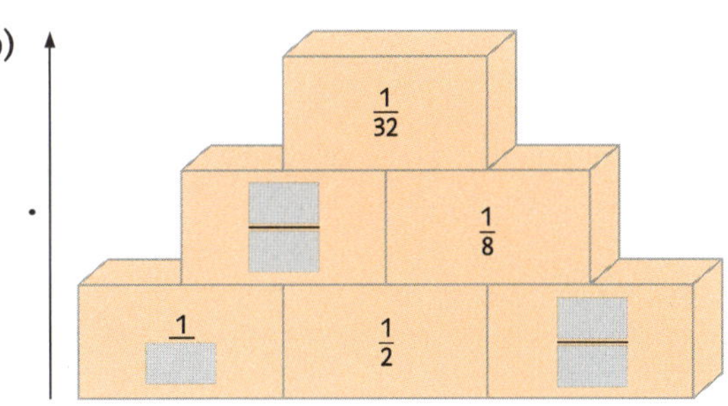

4 Bilde mit jeweils vier Zahlen aus den Kärtchen eine Multiplikationsaufgabe, zum Beispiel $\frac{7}{4}\cdot\frac{3}{2}$. Rechne in deinem Heft.

5 2 3 7 4

a) Welches ist die Multiplikation mit dem kleinsten Ergebnis?

$\frac{}{}\cdot\frac{}{} = \frac{}{}$

b) Welche Rechnung hat ein Ergebnis möglichst nahe an der Eins?

$\frac{}{}\cdot\frac{}{} = \frac{}{}$

1 a) Wie viele $\frac{1}{4}$-l-Gläser kann Jana füllen, wenn sie eine $\frac{3}{4}$-l-Wasserflasche verteilt? Mache eine Skizze und notiere die Rechnung.

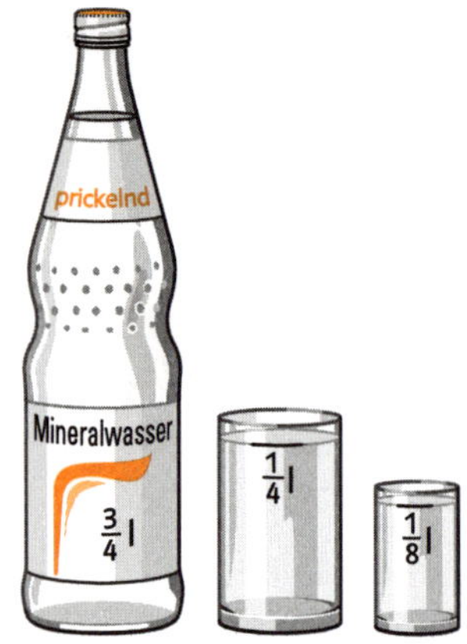

b) Wie viele $\frac{1}{8}$-l-Gläser kann Jana aus der gleichen Flasche füllen?

2 a) Je zwei Aufgaben haben dasselbe Ergebnis. Färbe zueinander passende Kärtchen mit der gleichen Farbe.

$\frac{8}{3} : \frac{2}{3}$ | $\frac{6}{7} : \frac{1}{5}$ | $\frac{2}{3} : \frac{4}{3}$ | $\frac{1}{3} : \frac{4}{3}$ | $\frac{11}{12} : \frac{1}{4}$ | $\frac{2}{3} : \frac{3}{5}$

$\frac{2}{3} \cdot \frac{5}{3}$ | $\frac{8}{3} \cdot \frac{3}{2}$ | $\frac{1}{3} \cdot \frac{3}{4}$ | $\frac{11}{12} \cdot 4$ | $\frac{6}{7} \cdot \frac{5}{1}$ | $\frac{2}{3} \cdot \frac{3}{4}$

b) Berechne die Ergebnisse der Divisionen. Die Ergebnisse findest du zur Kontrolle am Rand.

$\frac{30}{7} = 4\frac{2}{7}$ | $\frac{1}{2}$ | 4 | $\frac{10}{9} = 1\frac{1}{9}$ | $\frac{44}{12} = 3\frac{2}{3}$ | $\frac{1}{4}$

3 Bilde mit jeweils vier Zahlen aus den Kärtchen eine Divisionsaufgabe, zum Beispiel $\frac{3}{2} : \frac{5}{4}$. Rechne in deinem Heft.

5 | 2 | 3 | 7 | 4

a) Welches ist die Division mit dem kleinsten Ergebnis?

$\frac{\square}{\square} : \frac{\square}{\square} = \frac{\square}{\square}$

b) Welche Rechnung hat ein Ergebnis möglichst nahe an der Eins?

$\frac{\square}{\square} : \frac{\square}{\square} = \frac{\square}{\square}$

1 Berechne. Denke an die Rechenregeln.

a) $6 \cdot \frac{1}{3} + 2 =$ $\frac{6}{3} + 2 =$ ____________

b) $\frac{1}{2} + \frac{1}{4} \cdot 8 =$ ____________

c) $\frac{1}{4} : 2 + \frac{3}{8} =$ ____________

d) $\frac{2}{9} \cdot \frac{2}{3} - \frac{2}{27} =$ ____________

e) $\frac{3}{4} + \frac{3}{4} : \frac{4}{3} =$ ____________

f) $\frac{1}{3} \cdot \frac{1}{3} + \frac{1}{3} : \frac{2}{3} =$ ____________

g) $\frac{5}{6} \cdot 2 + \frac{1}{6} \cdot 4 =$ ____________

h) $\frac{5}{6} : \frac{2}{3} + \frac{3}{4} : \frac{2}{7} =$ ____________

2 a) Berechne die Aufgabe im Rechenbaum.

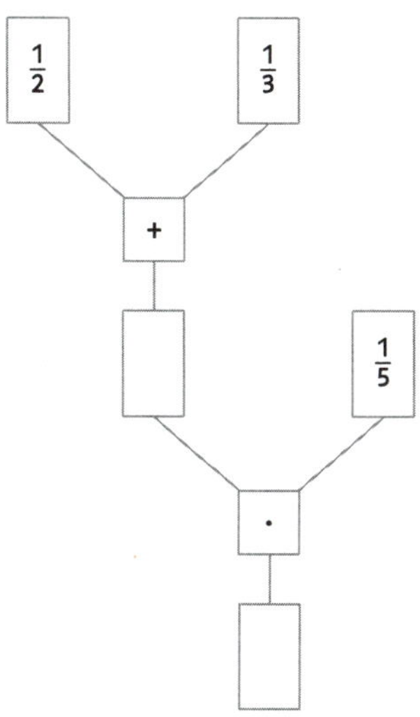

b) Trage in den Rechenbaum ein und berechne:

$\frac{1}{2} \cdot \left(\frac{1}{3} + \frac{3}{4}\right) + \frac{2}{3}$

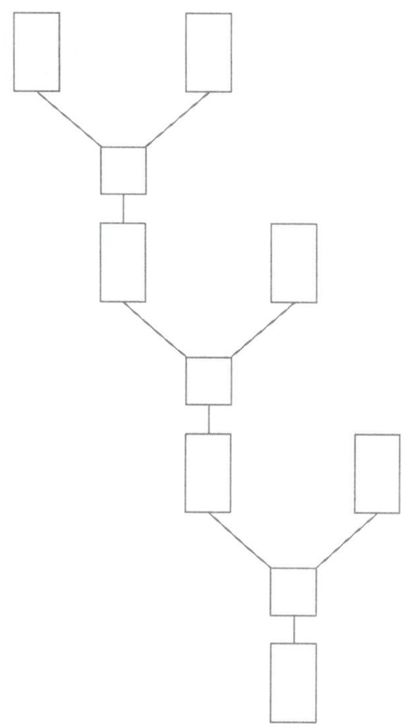

3 Auf den Kärtchen findest du Bauteile für einen Rechenausdruck.

$\frac{2}{3}$ | (| + | : |) | $\frac{4}{9}$ | $\frac{1}{2}$

a) Erstelle zwei Rechenausdrücke, verwende dafür jeweils alle Bauteile. Berechne die Ergebnisse.

____

____

b) Finde einen Rechenausdruck, dessen Ergebnis nahe an der Eins ist.

____

Das habe ich gelernt.

1 a) Was passiert mit dem Bruch $\frac{4}{5}$? Kreuze an.

$\frac{4}{5}$	Ergebnis kleiner als $\frac{4}{5}$	Ergebnis größer als $\frac{4}{5}$
$\cdot 3$	☐	☐
$-\frac{1}{3}$	☐	☐
$+\frac{2}{6}$	☐	☐
$:\frac{1}{3}$	☐	☐
$\cdot\frac{1}{3}$	☐	☐
$:2$	☐	☐
$\cdot\frac{5}{4}$	☐	☐

b) Berechne die Aufgabe mit dem kleinsten Ergebnis: ______________________________ ,

und die Aufgabe mit dem größten Ergebnis: ______________________________ .

2 In Lauras Merkheft ist einiges durcheinander geraten. Korrigiere ihre Sätze.

Rechnen mit Brüchen

Addition: Man addiert zwei Brüche, indem man den Zähler beibehält und die Nenner addiert.

Subtraktion: Man subtrahiert zwei Brüche, indem man die Zähler subtrahiert und die Nenner subtrahiert.

Multiplikation: Man multipliziert zwei Brüche, indem man Zähler mit Zähler und Nenner mit Nenner addiert.

Division: Man dividiert durch einen Bruch, indem man den Kehrbruch subtrahiert.

Rechnen mit Brüchen

Addition: Man addiert zwei Brüche, indem man ______________________________

______________________________ .

Subtraktion: Man subtrahiert zwei Brüche, indem man ______________________________

______________________________ .

Multiplikation: Man multipliziert zwei Brüche, indem man ________ Zähler mit ________ und Nenner mit Nenner

________________ .

Division: Man dividiert durch einen Bruch, indem man ________________ Kehrbruch ________________ .

3 Finde zwei verschiedene Rechenaufgaben mit Brüchen, die das Ergebnis $\frac{1}{3}$ haben.

$\frac{☐}{☐}$ ☐ $\frac{☐}{☐} = \frac{1}{3}$ $\frac{☐}{☐}$ ☐ $\frac{☐}{☐} = \frac{1}{3}$

4 Setze die Klammern so, dass der Rechenausdruck den Wert 1 annimmt.

$\frac{1}{3} + \frac{1}{3} : \frac{2}{3} - \frac{1}{3} + \frac{1}{3}$

Wo stehe ich?

Ich kann …	So schätze ich mich selbst ein:	Meine Test-ergebnisse:
1 Zahlen in eine Stellenwerttafel eintragen und ablesen.	☺ 😐 ☹	☺ 😐 ☹
2 Zahlen an einem Zahlenstrahl ablesen und eintragen.	☺ 😐 ☹	☺ 😐 ☹
3 Zahlen vergleichen und ordnen.	☺ 😐 ☹	☺ 😐 ☹
4 Längenangaben umwandeln.	☺ 😐 ☹	☺ 😐 ☹
5 Größenangaben sinnvoll runden.	☺ 😐 ☹	☺ 😐 ☹
6 Brüche erweitern und kürzen.	☺ 😐 ☹	☺ 😐 ☹
7 einfache Brüche in Kommaschreibweise angeben.	☺ 😐 ☹	☺ 😐 ☹
8 Maßeinheiten umwandeln.	☺ 😐 ☹	☺ 😐 ☹

Test zur Überprüfung deiner Selbsteinschätzung

1 Trage die Zahlen in die Stellenwerttafel ein (a – c) und lies sie ab (d – f).

		M	HT	ZT	T	H	Z	E
a)	3019							
b)	98765							
c)	1001002							
d)						1	0	9
e)				3	0	2	0	1
f)		9	1	8	2	7	3	0

☺ 😐 ☹
Ich übe nochmal:
→ Seite 82 | Aufgabe 1

2 a) Welche Zahlen sind durch die Pfeile markiert?

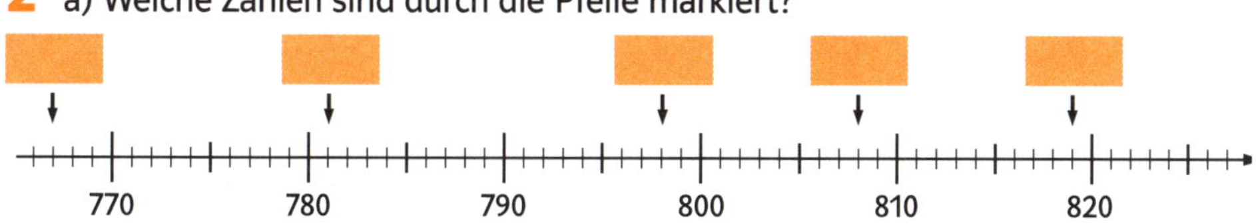

b) Markiere die Zahlen 4970; 4995; 5005; 5020 und 5035 auf dem Zahlenstrahl.

☺ 😐 ☹
Ich übe nochmal:
→ Seite 82 | Aufgabe 2

3 a) Ordne die Zahlen nach ihrer Größe. Beginne mit der kleinsten Zahl.

7887 8787 8877 7788 8778

______ < ______ < ______ < ______ < ______

b) Welche Ziffern lassen sich in die Lücke einsetzen?
Hinweis: Die Summe der möglichen Zahlen ergibt 28.

476 > 4 ☐ 5 mögliche Zahlen: ______

Ich übe nochmal:
→ Seite 82 | Aufgabe 3

4 Fülle die Lücke aus.

a) 1,25 m = ______ cm b) 4750 m = ______ km

c) 3,5 km = ______ m d) 0,5 km = ______ dm

Ich übe nochmal:
→ Seite 82 | Aufgabe 4

5 Runde auf volle Euro, Meter, Kilogramm oder Tonnen.

a) 19,75 € = ______ € b) 2,85 kg = ______ kg

c) 23,45 m = ______ m d) 1,51 t = ______ t

Ich übe nochmal:
→ Seite 82 | Aufgabe 5

6 Erweitere bzw. kürze den Bruch. Fülle die Lücke aus.

a) $\frac{1}{3} = \frac{\square}{15}$ b) $\frac{2}{7} = \frac{\square}{42}$ c) $\frac{4}{9} = \frac{\square}{72}$

d) $\frac{6}{39} = \frac{\square}{13}$ e) $\frac{21}{56} = \frac{3}{\square}$ f) $\frac{55}{75} = \frac{11}{\square}$

g) $\frac{2}{3} = \frac{\square}{54}$ h) $\frac{5}{12} = \frac{60}{\square}$ i) $\frac{440}{400} = \frac{\square}{10}$

Ich übe nochmal:
→ Seite 82 | Aufgabe 6
→ Seite 21 | Aufgaben 1 und 2

7 Wandle in die Kommaschreibweise um.

a) $\frac{1}{2}$ m = ______ m b) $\frac{1}{4}$ kg = ______ kg

c) $\frac{3}{4}$ km = ______ km d) $\frac{1}{10}$ t = ______ t

Ich übe nochmal:
→ Seite 82 | Aufgabe 7

8 Wandle in die angegebene Einheit um.

a) 5,78 € = ______ ct b) 12 € 45 ct = ______ €

c) 245 ct= ______ € d) 1 ct = ______ €

e) 2500 g = ______ kg f) 400 g = ______ kg

g) 0,953 kg = ______ g h) 8,5 kg = ______ g

Ich übe nochmal:
→ Seite 82 | Aufgabe 8

1 Schreibe als Dezimalbruch. Beispiel: $\frac{37}{100} = 0{,}37$

a) $\frac{1}{10}$ = ____ b) $\frac{12}{100}$ = ____ c) $\frac{123}{1000}$ = ____

d) $\frac{99}{100}$ = ____ e) $\frac{90}{100}$ = ____ f) $\frac{9}{100}$ = ____

g) $\frac{777}{1000}$ = ____ h) $\frac{77}{1000}$ = ____ i) $\frac{770}{1000}$ = ____

2 Immer drei Kärtchen gehören zusammen. Färbe die drei Kärtchen mit derselben Farbe.

55 Hundertstel | 0,5 | 5 Zehntel | 0,005 | 0,55 | $\frac{5}{1000}$ | $\frac{55}{100}$ | $\frac{5}{10}$ | 5 Tausendstel

3 Ergänze den fehlenden Wert.

a) $\frac{\square}{100} = 0{,}79$ b) $\frac{\square}{100} = 0{,}03$ c) $\frac{\square}{1000} = 0{,}321$ d) $\frac{\square}{10} = 1{,}5$

e) $\frac{9}{\square} = 0{,}9$ f) $\frac{7}{\square} = 0{,}07$ g) $\frac{99}{\square} = 0{,}099$ h) $\frac{\square}{\square} = 0{,}004$

4 Fülle die Tabelle aus.

E	,	z	h	t	Dezimalbruch	Bruch
0	,	3	2	1	0,321	$\frac{321}{}$
0	,	9				
0	,	8	9			
1	,	2	3	4		
					0,06	
						$\frac{125}{100}$
					3,456	

5 Nicht immer werden alle Nullen benötigt. Streiche wie im Beispiel und schreibe die Zahl.

Beispiel: ~~0~~7,05~~0~~ = 7,05

a) 0,80 = ____ 0,08 = ____ 80,0 = ____

b) 05,05 = ____ 50,500 = ____ 50,050 = ____

c) 20,002 = ____ 02,200 = ____ 002,0200 = ____

6 Kreuze an.

a) Die Zahl 2,47 hat ☐ 2 Zehntel ☐ 4 Zehntel ☐ 7 Zehntel

b) Die Zahl 5,678 hat ☐ 6 Hundertstel ☐ 7 Hundertstel ☐ 8 Hundertstel

c) Die Zahl 321,0809 hat ☐ 9 Tausendstel ☐ 0 Tausendstel ☐ 8 Tausendstel

Info
Die Nachkommastellen haben folgende Bezeichnung:

erste Stelle – Zehntel (dezi)

zweite Stelle – Hundertstel (zenti)

dritte Stelle – Tausendstel (milli)

Info
Anstatt **Nachkommastelle** wird häufig auch das Fremdwort **Dezimale** verwendet.

Info
Wir lesen Dezimalbrüche so:

3,21 – „drei Komma zwei eins."

1 Setze < oder > ein.

a) 3,5 ☐ 5,3 b) 7,65 ☐ 7,56 c) 0,91 ☐ 0,90 d) 4,057 ☐ 4,705

e) $\frac{6}{10}$ ☐ 0,06 f) 0,7 ☐ $\frac{7}{100}$ g) $\frac{3}{1000}$ ☐ 0,03 h) 0,404 ☐ $\frac{41}{100}$

> **Tipp**
> Um Dezimalbrüche vergleichen zu können, werden die Stellen von links nach rechts abgeglichen.
>
> 5,6[7]8
> 5,6[8]7
>
> Also ist:
> 5,678 < 5,687

2 Ordne nach der Größe. Beginne mit der kleinsten Zahl.

4,032 4,423 0,4432 3,042 4,023 4,342

____ < ____ < ____ < ____ < ____ < ____

3 Welche Zahlen sind durch die Pfeile markiert?

a)

b)

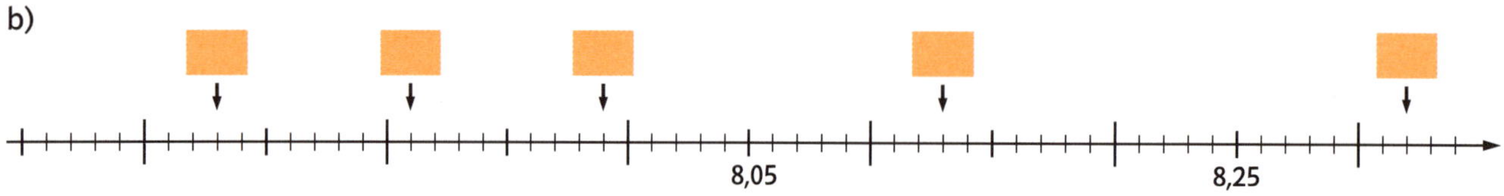

4 Fülle die Felder aus.

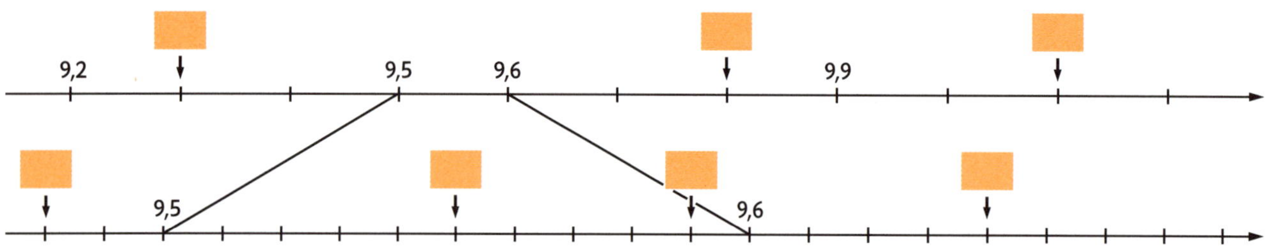

5 Wir machen gleich weite Sprünge. Notiere deine „Landestelle“.

a)

b)

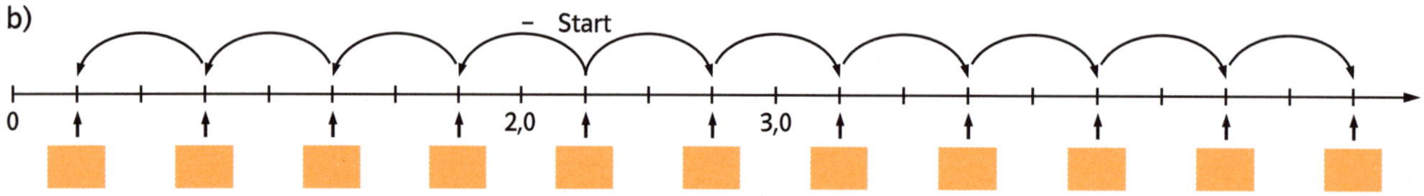

6 Welche Zahl liegt in der Mitte der beiden angegebenen Zahlen?

a)

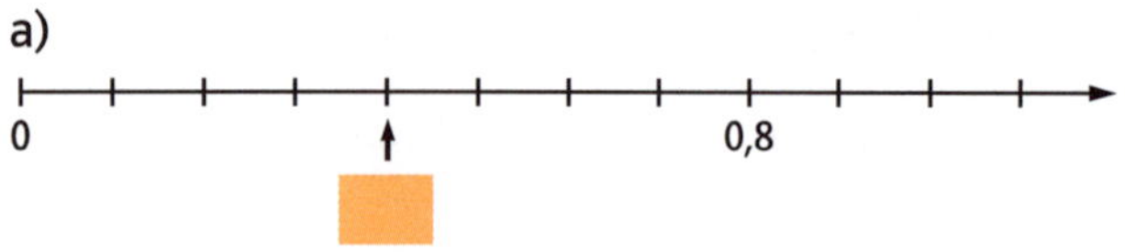

b)

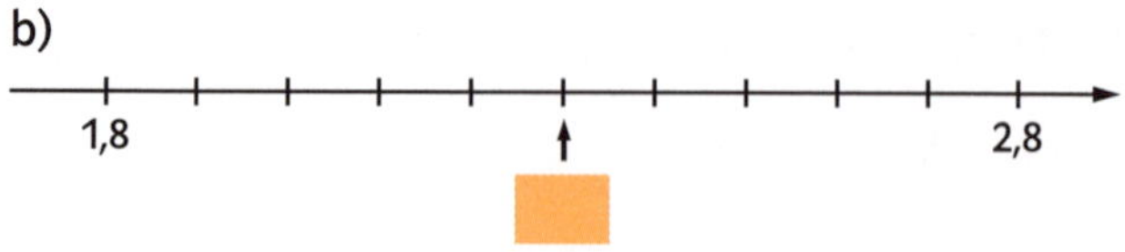

7 Beispiel: Runden auf Zehntel.
Die Bögen verbinden mit der passenden Rundungszahl.

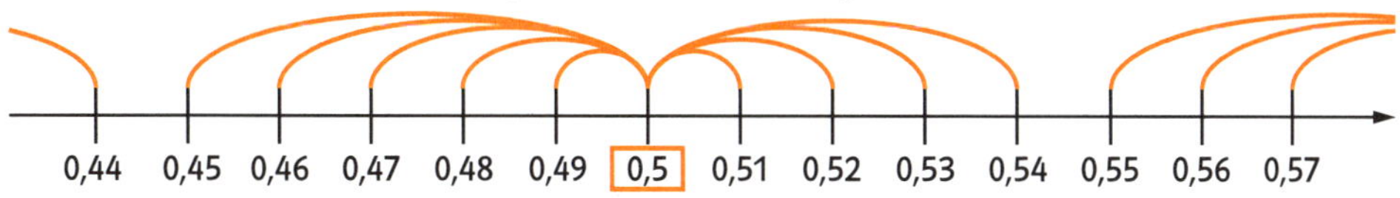

a) Runde auf ganze Zahlen. Zeichne dazu Bögen zur passenden Rundungszahl.

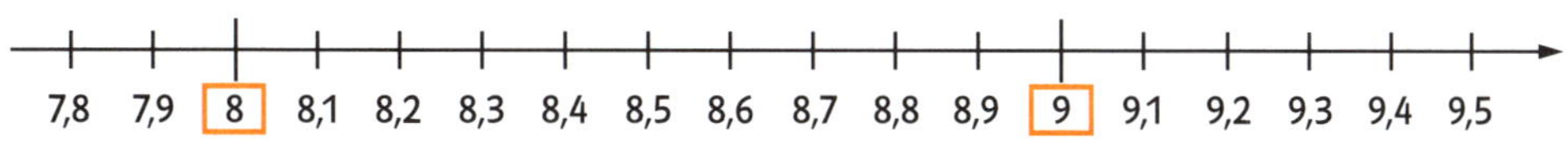

b) Runde auf Zehntel. Zeichne dazu Bögen zur passenden Rundungszahl.

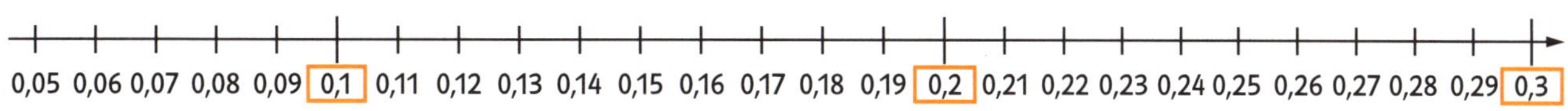

Info
Hier rundest du ab:
0,70, 0,71, 0,72, 0,73, 0,74 → ≈ 0,7

Hier rundest du auf:
0,75, 0,76, 0,77, 0,78, 0,79 → ≈ 0,8

8 a) Runde auf Zehntel.

0,57 ≈ ______ 1,92 ≈ ______ 10,45 ≈ ______ 0,08 ≈ ______

b) Runde auf Hundertstel.

1,789 ≈ ______ 0,049 ≈ ______ 0,008 ≈ ______ 0,995 ≈ ______

c) Runde auf ganze Zahlen.

1,49 ≈ ______ 0,56 ≈ ______ 9,498 ≈ ______ 0,099 ≈ ______

Info
Das Zeichen ≈ wird „ungefähr gleich" gelesen.

9 Welche Rundungsangabe ist sinnvoll? Streiche unsinnige Angaben.

Die mittlere Entfernung Erde – Mond beträgt ungefähr 384 000 km.

Betty Heidler stellte im Jahr 2011 mit 79,4238 m einen neuen Weltrekord im Hammerwurf der Frauen auf.

Paul fuhr die Mountainbike-Strecke mit einer Durchschnittsgeschwindigkeit von 24,6321 km pro Stunde.

Der durchschnittliche Jahreslohn eines Arbeitnehmers betrug im Jahr 2011 in Deutschland 28 300 €.

Der Durchmesser der Erde beträgt 12 756 km.

Ein Elefantenbulle wiegt 6582,450 kg.

10 Gib, wie auf dem Rand dargestellt, die obere und die untere Rundungsgrenze der Zahl an.

	untere Grenze				obere Grenze
a) auf zwei Nachkommastellen:		<	7,5	<	
b) auf zwei Nachkommastellen:		<	0,8	<	
c) auf eine Nachkommastelle:		<	10,0	<	
d) auf drei Nachkommastellen:		<	0,49	<	

Info
Die Zahlen 0,35 und 0,44 sind die Rundungsgrenzen der Zahl 0,4.

0,35 < 0,4 < 0,44
untere Grenze (0,35), obere Grenze (0,44)

1 Jeweils drei Kärtchen stellen die gleiche Zahl dar. Färbe alle drei mit der gleichen Farbe.

ein Viertel | 0,125 | ein Achtel | 50 Hundertstel | $\frac{125}{1000}$ | $\frac{1}{2}$ | 0,25 | 0,5 | 2,75 | $\frac{1}{4}$ | $2\frac{3}{4}$ | 275 Hundertstel

Tipp
Lerne auswendig:

$\frac{1}{2} = 0{,}5$
$\frac{1}{4} = 0{,}25$
$\frac{3}{4} = 0{,}75$
$\frac{1}{5} = 0{,}2$
$\frac{1}{8} = 0{,}125$
$\frac{1}{10} = 0{,}1$
$\frac{1}{20} = 0{,}05$

2 Schreibe als Bruch und als Dezimalbruch.

Beispiel:  $1 + \frac{6}{10} + \frac{3}{100} = 1\frac{63}{100} = 1{,}63$

a)

___ + ___ + ___ = ___

b)
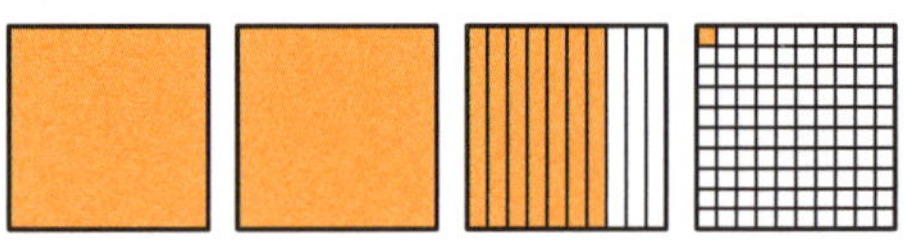
___ + ___ + ___ = ___

c)
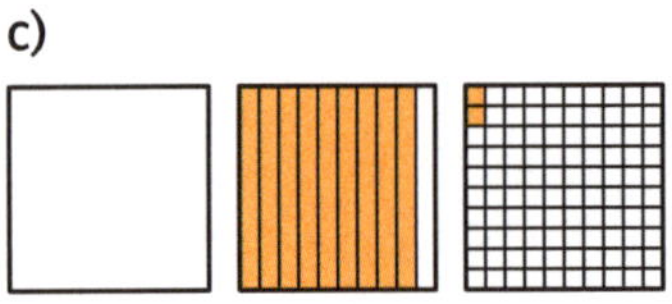
___ + ___ + ___ = ___

d)
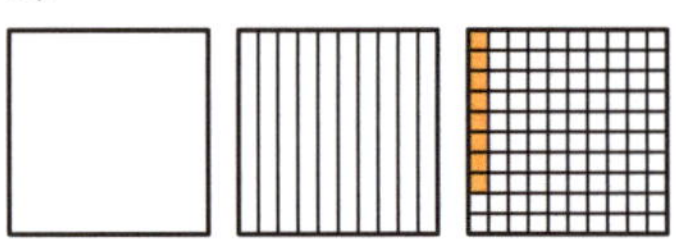
___ + ___ + ___ = ___

3 Ergänze die fehlenden Zahlen.

a) $\frac{2}{5} = \frac{\square}{10} = 0,\square$

b) $\frac{7}{25} = \frac{\square}{100} = 0,\square$

c) $\frac{3}{8} = \frac{\square}{1000} = 0,\square$

d) $0{,}15 = \frac{\square}{100} = \frac{\square}{20}$

e) $\frac{21}{50} = \frac{\square}{100} = 0,\square$

f) $\frac{27}{30} = \frac{9}{\square} = 0,\square$

4 Setze das passende Zeichen >; < oder = ein.

a) $\frac{3}{5}$ ☐ 0,6
b) 0,8 ☐ $\frac{3}{4}$
c) 1,75 ☐ $\frac{8}{5}$
d) $\frac{1}{20}$ ☐ 0,05
e) 0,27 ☐ $\frac{1}{4}$
f) 1,4 ☐ $\frac{7}{5}$
g) $\frac{15}{4}$ ☐ 4,25
h) $\frac{5}{6}$ ☐ 0,85

5 Eine Zahl steht am falschen Platz. Streiche sie durch und setze sie an die richtige Stelle.

a) $0{,}1 < \frac{2}{5} < 0{,}25 < \frac{3}{4} < \frac{8}{10} < 0{,}90$ ______________________

b) $0{,}5 < \frac{5}{8} < 0{,}95 < 1{,}2 < \frac{11}{10} < 1{,}5$ ______________________

c) $\frac{21}{5} > 3{,}8 > \frac{7}{4} > 1{,}80 > \frac{3}{2} > \frac{9}{10}$ ______________________

1 Wandle die Brüche in Dezimalbrüche um. Rechne in deinem Heft.

Beispiel:

$\frac{2}{11} = 2 : 11$

	2	:	1	1	=	0,	1	8	1	8	. . .	=	0,	$\overline{18}$
−	0													
	2	0												
−	1	1												
		9	0											
	−	8	8											
			2											

a) $\frac{2}{3}$ = ____________ b) $\frac{2}{9}$ = ____________ c) $\frac{1}{6}$ = ____________

d) $\frac{9}{11}$ = ____________ e) $\frac{1}{7}$ = ____________ f) $\frac{4}{13}$ = ____________

Tipp
Diese periodischen Dezimalbrüche solltest du dir merken:

$\frac{1}{3} = 0{,}333\ldots = 0{,}\overline{3}$

$\frac{2}{3} = 0{,}666\ldots = 0{,}\overline{6}$

$\frac{1}{9} = 0{,}111\ldots = 0{,}\overline{1}$

2 Schreibe ohne Periode. Runde auf zwei Nachkommastellen.

a) $0{,}\overline{5}$ = 0,555 … ≈ ____________ b) $0{,}\overline{2}$ = ____________ c) $0{,}\overline{7}$ = ____________

d) $0{,}4\overline{5}$ = ____________ e) $0{,}0\overline{8}$ = ____________ f) $0{,}\overline{49}$ = ____________

3 Periodisch oder nicht periodisch? Färbe periodische Dezimalbrüche rot, die anderen blau.

$\frac{1}{3}$ = ____ $\frac{26}{13}$ = ____ $\frac{3}{12}$ = ____ $\frac{22}{55}$ = ____ $\frac{10}{15}$ = ____

$\frac{29}{58}$ = ____ $\frac{10}{12}$ = ____ $\frac{4}{11}$ = ____ $\frac{2}{6}$ = ____ $\frac{3}{6}$ = ____

Tipp
Kürze, wenn möglich, zuerst die Brüche. Färbe dann die Brüche, die nicht periodische Dezimalbrüche ergeben.

4 Setze das passende Zeichen >; < oder = ein.

a) $2{,}\overline{6}$ ☐ 2,67 b) $\frac{4}{9}$ ☐ 0,45 c) $\frac{5}{6}$ ☐ $0{,}8\overline{3}$

5 Verbinde zusammengehörende Partner. Welche Zahl hat keinen Partner? Streiche diese.

$\frac{3}{8}$ $\frac{4}{7}$ $0{,}\overline{7}$ $0{,}\overline{3}$ $0{,}\overline{571428}$ $\frac{1}{6}$ $\frac{7}{9}$ 0,375 $\frac{1}{3}$

6 Welcher Dezimalbruch ist größer als $\frac{2}{3}$, welcher kleiner? Färbe die größeren Dezimalbrüche rot, die kleineren blau.

0,6 0,666 66 $0{,}\overline{7}$ $0{,}\overline{656}$ 2,3 $0{,}\overline{06}$ 0,67 $0{,}\overline{667}$

Das habe ich gelernt.

1 Welche der abgebildeten Dezimalbrüche liegen zwischen 0,09 und 0,99?
Färbe die richtigen Zahlen mit Rot.

0,909 | 0,009 | 0,999 | 0,099 | 0,90

Tipp
Benutze eine Stellenwerttafel oder einen Zahlenstrahl.

2 Maria meint: „Periodische Dezimalbrüche lassen sich am Zahlenstrahl nicht eintragen."
Mario ist anderer Ansicht. „Ich weiß, wie man $0,\overline{3}$ und $0,\overline{6}$ an einem Zahlenstrahl eintragen kann.
Ich zeichne dazu eine andere Einteilung am Zahlenstrahl."
Trage die beiden Zahlen ein.

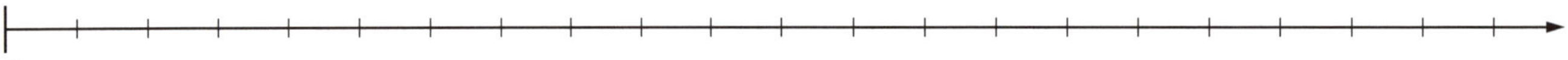

Wer von beiden hat recht? Begründe. ______________________________

____

____

____

3 Tim ist der Ansicht, dass zwischen den beiden Zahlen 0,49999 und $\frac{1}{2}$ keine weitere Zahl eingefügt werden kann. Hat er recht?

____

4 Hier haben sich Fehler eingeschlichen. Streiche den Fehler an und verbessere.

a) $\frac{123}{1000} = 0{,}0123$ b) $\frac{22}{10} = 0{,}22$ c) $1\frac{2}{10} = 1{,}02$ d) $\frac{23}{1000} = 0{,}23$

$\frac{123}{1000} =$ ________ $\frac{22}{10} =$ ________ $1\frac{2}{10} =$ ________ $\frac{23}{1000} =$ ________

5 Das Haus hat fünf Stockwerke. In jedem Stockwerk wohnen drei „Zahlen-Nachbarn".

Welcher Nachbar wohnt jeweils näher am mittleren, der linke oder der rechte?

Färbe den näher liegenden Nachbarn rot.

4,2	4,6	5,2
8,4	7,7	7,1
0,56	0,7	0,85
$\frac{1}{10}$	0,16	$\frac{1}{5}$
$\frac{3}{5}$	0,64	$\frac{7}{10}$

6 Welche der beiden Zahlen ist die größere? Setze > oder < ein.

a) $\frac{6}{10}$ ▢ 0,49 b) 0,45 ▢ $\frac{7}{12}$ c) $\frac{51}{100}$ ▢ 0,49999 d) $\frac{23}{47}$ ▢ 0,505

Tipp
Vergleiche die beiden Zahlen mit der Zahl 0,5.

Wo stehe ich?

Ich kann …	So schätze ich mich selbst ein:	Meine Testergebnisse:
1 schriftlich addieren und subtrahieren.	☺ 😐 ☹	☺ 😐 ☹
2 multiplizieren und dividieren.	☺ 😐 ☹	☺ 😐 ☹
3 Rechenvorteile nutzen.	☺ 😐 ☹	☺ 😐 ☹
4 die Regel „Punkt vor Strich“ anwenden.	☺ 😐 ☹	☺ 😐 ☹
5 die Regel „was in Klammern steht – zuerst“ anwenden.	☺ 😐 ☹	☺ 😐 ☹
6 mit 10; 100; 1000; … multiplizieren und dividieren.	☺ 😐 ☹	☺ 😐 ☹
7 Bruchzahlen addieren und subtrahieren.	☺ 😐 ☹	☺ 😐 ☹
8 Bruchzahlen multiplizieren und dividieren	☺ 😐 ☹	☺ 😐 ☹
9 die Begriffe Summe, Differenz, Produkt und Quotient sicher verwenden.	☺ 😐 ☹	☺ 😐 ☹

Test zur Überprüfung deiner Selbsteinschätzung

1 Berechne schriftlich.

a) 975 + 2468 b) 5708 – 69 c) 9876 – 6543 – 432

☺ 😐 ☹
Ich übe nochmal:
→ Seite 83 | Aufgabe 1

2 Berechne schriftlich.

a) 4 3 · 9

b) 6 7 8 · 4 3

c) 5 3 5 5 : 7 =

d) 1 0 6 8 : 1 2 =

☺ 😐 ☹
Ich übe nochmal:
→ Seite 83 | Aufgabe 2

3 Rechne vorteilhaft.

a) 78 – 51 + 22 – 19

= ______

= ______

b) 144 – 37 + 51 – 73 + 49

= ______

= ______

Ich übe nochmal:
→ Seite 83 | Aufgabe 3

4 Beachte die Reihenfolge.

a) 112 – 7 · 12

= ______

= ______

b) 3 · 12 – 63 : 9

= ______

= ______

c) 6 + 7 · 8 – 9

= ______

= ______

Ich übe nochmal:
→ Seite 83 | Aufgabe 4

5 Achte auf die Klammern.

a) 75 : (24 – 19)

= ______

= ______

b) 15 · (85 – 73) + 10

= ______

= ______

c) 11 – ((18 + 62) : 8)

= ______

= ______

Ich übe nochmal:
→ Seite 83 | Aufgabe 4

6 Fülle die Tabelle aus.

a)

	· 10	· 100	· 1000
5			
50			
100			
1000			

b)

	: 10	: 100	: 1000
1000			
5000			
10 000			
50 000			

Ich übe nochmal:
→ Seite 83 | Aufgabe 5

7 Berechne und kürze, wenn möglich.

a) $\frac{2}{10} + \frac{5}{10}$

= ______

b) $\frac{7}{12} - \frac{5}{12}$

= ______

= ______

c) $\frac{1}{10} + \frac{10}{100}$

= ______

= ______

d) $\frac{4}{20} - \frac{4}{25}$

= ______

= ______

Ich übe nochmal:
→ Seite 83 | Aufgabe 6
→ Seiten 27 und 28

8 Berechne.

a) $\frac{1}{2} \cdot \frac{3}{5}$

= ______

b) $\frac{4}{15} \cdot \frac{3}{16}$

= ______

= ______

c) $\frac{3}{5} : \frac{6}{5}$

= ______

= ______

d) $\frac{9}{25} : \frac{27}{5}$

= ______

= ______

Ich übe nochmal:
→ Seiten 31 und 32

9 Ergänze.

a) Zahlen, die addiert werden, bezeichnet man als ______.

b) Subtrahiert man Zahlen voneinander, so nennt man dies eine ______.

c) Bei einem Produkt werden zwei Zahlen ______.

d) Teilt man den ______ durch den ______, erhält man den Quotienten.

Ich übe nochmal:
→ Seite 83 | Aufgabe 7

1 Addiere oder subtrahiere im Kopf.

a) 1,2 + 2,4 = ______ b) 0,3 + 4,6 = ______ c) 4,9 − 3,8 = ______

d) 2,8 + 6,7 = ______ e) 11,2 − 4,8 = ______ f) 0,75 − 0,57 = ______

2 Berechne schriftlich. Schreibe die Zahlen stellengerecht untereinander.

a) 3,87 + 5,46 b) 15,4 − 8,9 c) 0,73 + 1,94

d) 5,5 − 4,89 e) 0,8 + 0,888 f) 10 − 0,908

a) b) c)

d) e) f)

Tipp
In manchen Fällen musst du eine Null ergänzen:

3,80
− 2,94
  1 1
0,86

3,8 = 3,80

3 Addiere die Werte von zwei Kärtchen so, dass die Summe ganzzahlig wird.

3,74 2,25 ~~1,18~~ 0,47 1,26 ~~0,82~~ 5,75 8,53

a) 0,82 + 1,18 = 2 b) ____ + ____ = ____ c) ____ + ____ = ____ d) ____ + ____ = ____

4 Fülle die Zahlenmauer. Nebeneinanderliegende Werte werden addiert.

a)

4,5	2,7	5,8

b)

5,24	3,41	
	0,93	

c)

1,56		
0,38		2,07

5 Ersetze die fehlenden Ziffern. Überlege, ob du für ☐ ein Plus- oder ein Minuszeichen setzen musst.

a)

	4,	6	5
+	1,	7	6
	6,	4	1

b)

	8,	0	5
☐	6,	7	☐
	1,	2	6

c)

	0,	☐	6
☐	0,	8	☐
	1,	6	5

d)

	1	4,	1	☐
☐		9,	☐	3
		☐,	4	4

6 Setze die Ziffernkärtchen 0 2 5 6 7 und 9 so in die Kästchen ein, dass

a) das Ergebnis möglichst groß wird.

☐,☐☐
− ☐,☐☐
______

b) das Ergebnis möglichst klein wird.

☐,☐☐
− ☐,☐☐
______

c) das Ergebnis der Differenz möglichst nahe an 1 liegt.

☐,☐☐
− ☐,☐☐
______

Tipp
Achte darauf, dass dein Ergebnis immer größer als null ist.

1 Rechne im Kopf.

a) 7,8 · 10 = ________ b) 0,34 · 100 = ________ c) 0,049 · 1000 = ________

d) 1,5 : 10 = ________ e) 42 : 100 = ________ f) 987,6 : 1000 = ________

Tipp
Multipliziert man eine Zahl mit 10, dann wird das Komma um eine Stelle nach rechts verschoben.

3,94 · 10 = 39,4

1 Stelle nach rechts

2 Fülle die Tabelle aus.

	· 10	· 100	· 1000	· 10 000
0,32	3,2	32	320	3200
1,08				
0,045				
43,21				
	0,85			
		0,012		
				76 543

Tipp
Dividiert man eine Zahl durch 10, dann wird das Komma um eine Stelle nach links verschoben.

23,4 : 10 = 2,34

1 Stelle nach links

3 Ordne die Ergebnisse (auf den orangen Kärtchen) den Rechenaufgaben zu; trage den passenden Buchstaben ein.

2,5 · 1000 | A

2,5 : 100 |

2,5 : 10 |

0,025 · 1000 |

0,25 · 10 |

2,5 · 100 |

25 : 10 000 |

2500 | A

250 | B

0,0025 | G

2,5 | D

0,025 | F

0,25 | E

25 | C

4 Mit welcher Zahl wurde multipliziert oder dividiert? Fülle aus.

a) 0,0987 —· 100→ 9,87 b) 0,56 —· ☐→ 5,6 c) 0,808 —· ☐→ 808

d) 12,1 —: ☐→ 1,21 e) 0,54 —: ☐→ 0,0054 f) 345 —: ☐→ 0,345

Tipp
Manchmal muss man eine Null am Ende anhängen.

75,2 · 100 = 7520

5 Wie groß sind die Entfernungen in Wirklichkeit? Miss dazu die entsprechenden Längen auf der Karte. Rechne dann.

a) Freiburg – Basel
gemessene Strecke: 5,3 cm

wirkliche Strecke: 5,3 cm · 1 000 000
= 5 300 000 cm

= ________________ m

= ________________ km

b) Waldshut-Tiengen – Schluchsee

____

c) Feldberg – Freiburg

____

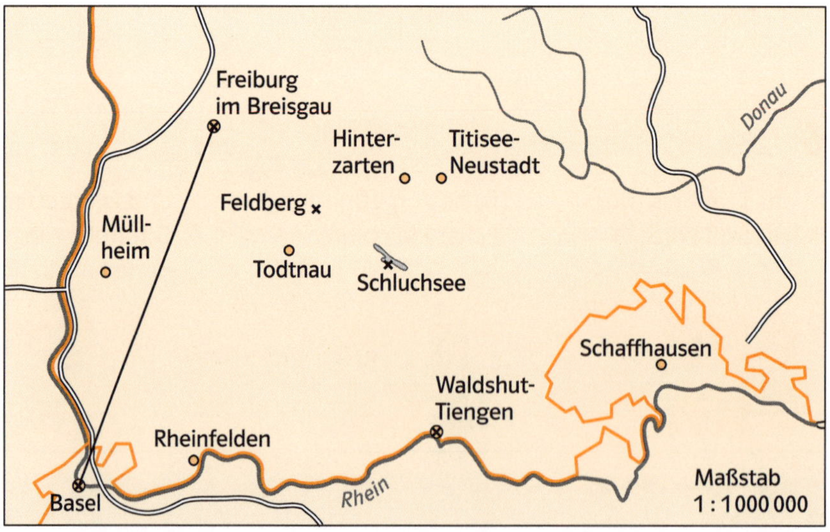

1 Multipliziere im Kopf.

a) 5 · 0,5 = ________ b) 2,5 · 3 = ________ c) 0,6 · 7 = ________

d) 12 · 0,2 = ________ e) 10 · 0,05 = ________ f) 2,4 · 0,5 = ________

Tipp
Rechne zunächst ohne Komma. Zähle dann die Nachkommastellen ab und setze das Komma.

2 Stellen 1 Stelle
8,32 · 3,5
2496
4160
11
29,120
3 Stellen

2 Färbe das Produkt und die dazu passende Anzahl der Nachkommastellen mit derselben Farbe.

0,9 · 1,23 | 7,3 · 6 | 4 · 0,5 | 3 Nachkommastellen | 35,1 · 2,8 | 5,47 · 8,2 | keine Nachkommastelle | 2,4 · 6,3 | 5 · 0,7 | 2 Nachkommastellen | 1 Nachkommastelle

3 Multipliziere schriftlich. Achte auf die Nachkommastellen.

a) 3,2 · 4,5 b) 14,8 · 7,3 c) 2,65 · 0,98

4 Das Produkt 2,4 · 8,2 hat das Ergebnis 19,68. Nutze dies beim Berechnen der Produkte.

a) 24 · 8,2 = ________ b) 2,4 · 82 = ________ c) 240 · 8,2 = ________

d) 0,24 · 8,2 = ________ e) 0,24 · 0,82 = ________ f) 0,24 · 0,082 = ________

5 In der linken Haushälfte stehen Produkte, rechts Ergebnisse. Welches Ergebnis gehört zu welchem Produkt? Färbe die Partner gleich. Überschlage zunächst. Achte dann auf die Anzahl der Nachkommastellen.

a)

1,2 · 6	4,2
1,5 · 2,5	11,4
3 · 1,4	3,75
6 · 1,9	7,2

b)

1,6 · 1,5	9,12
0,5 · 1,2	15,12
2,4 · 3,8	2,4
8,4 · 1,8	0,6

c)

5,3 · 2,8	2,73
0,35 · 7,8	0,508
0,04 · 12,7	0,081
0,9 · 0,09	14,84

6 Setze das richtige Zeichen >; < oder = ein.

a) 0,987 · 5 ☐ 5 b) 1,007 · 19 ☐ 19 c) 100 · 1,49 ☐ 150

d) 0,5 · 0,5 ☐ 0,25 e) 0,49 · 0,5 ☐ 0,5 f) 0,9 · 1,1 ☐ 1

7 Im Ergebnis steht ein Komma an der falschen Stelle. Streiche durch und verbessere.

a) 6,4 · 3,8 = 24,32 ________ b) 2,5 · 4,3 = 10,75 ________ c) 4,7 · 1,25 = 5,875 ________

64 · 3,8 = 2,432 ________ 2,5 · 0,43 = 1,075 ________ 0,47 · 12,5 = 5,875 ________

6,4 · 38 = 243,2 ________ 25 · 0,43 = 107,5 ________ 0,047 · 125 = 0,5875 ________

1 Berechne.

240 : 6 = ______
24 : 6 = ______
2,4 : 6 = ______
0,24 : 6 = ______

240 : 60 = ______
240 : 6 = ______
240 : 0,6 = ______
240 : 0,06 = ______

240 : 60 = ______
24 : 6 = ______
2,4 : 0,6 = ______
0,24 : 0,06 = ______

Info
Quotient
6,72 : 1,6 = 4,2
Dividend Divisor

2 Berechne schriftlich.

a) 1 9, 2 : 8 =
b) 9, 6 6 : 7 =
c) 7 0, 4 4 : 1 2 =

3 Multipliziere Dividend und Divisor so lange mit 10, bis der Divisor eine natürliche Zahl ist.

Beispiel:
· 10 · 10 1,269 : 0,09 = 14,1
· 10 · 10 12,69 : 0,9 = 14,1
126,9 : 9 = 14,1

a) 1,28 : 0,4 = ______ b) 3,934 : 0,07 = ______ c) 2,568 : 0,12 = ______

4 Dividiere schriftlich. Achte dabei auf die Nachkommastellen.

a) 1 7, 6 : 0, 8
1 7 6 : 8 =
b) 4 3, 2 : 0, 1 2
c) 6 8, 4 : 0, 1 5

Tipp
Mache den Divisor „kommafrei".
1,152 : 0,12
11,52 : 1,2
115,2 : 12

5 Setze im Ergebnis das Komma an die richtige Stelle. Eine Überschlagsrechnung hilft dir.

a) 3,9 : 1,5 = 2 6 b) 38,48 : 5,2 = 7 4 c) 29,47 : 3,5 = 8 4 2

6 Im Dach steht das Ergebnis jeder Rechnung. Setze in den vier Stockwerken die passende Zahl ein.

a) 0,5
3 : ______
______ : 8
0,2 : ______
______ : 1,6

b) 2,5
12,5 : ______
______ : 2,4
0,3 : ______
______ : 1,5

c) 0,15
______ : 5
7,5 : ______
______ : 0,5
75 : ______

7 Berechne die Länge des Rechtecks.

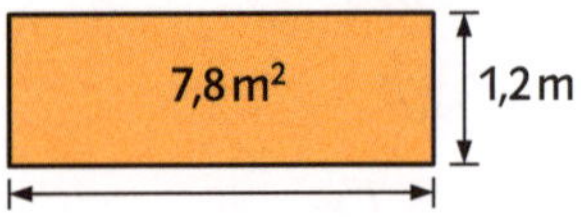

______ m

7, 8 : 1
7 8 : 1

Tipp
Beim Rechteck gilt:
Fläche gleich
Länge mal Breite.

1 Berechne.

a) $1{,}2 + 5 \cdot 0{,}3$ b) $0{,}51 - 2{,}5 : 5$ c) $3{,}2 - 9{,}6 : 4 + 0{,}7$

= ______ = ______ = ______

= ______ = ______ = ______

2 Berechne. Achte auf die Klammer.

a) $63{,}5 - (21{,}4 + 19{,}6)$ b) $(4{,}5 + 6{,}3) : 1{,}2$ c) $(6{,}2 - 2{,}9) : 0{,}5$

= ______ = ______ = ______

= ______ = ______ = ______

Info
Im Straßenverkehr musst du bestimmte Regeln beachten:
- Polizist 
- Ampel 
- Vorfahrtsschild 
- rechts vor links 

3 Zu jedem Rechenausdruck gehört ein Ergebnis. Trage die Werte richtig ein.

$0{,}3 \cdot 0{,}3 + 0{,}1 =$ $0{,}3 + 0{,}2 \cdot 0{,}1 =$ $0{,}3 \cdot (0{,}2 + 0{,}1) =$

$(0{,}3 + 0{,}3) \cdot 0{,}1 =$ $0{,}3 + 0{,}2 : 0{,}1 =$ $(0{,}3 : 0{,}2) - 0{,}1 =$

1,4 0,32 0,09 0,19 2,3 0,06

4 Bei dem Rechenausdruck fehlt ein Klammerpaar. Füge die Klammern hinzu.

a) $4{,}4 - 6{,}5 - 2{,}5 = 0{,}4$ b) $0{,}2 + 0{,}8 \cdot 3 = 3$ c) $0{,}25 - 0{,}15 : 2 = 0{,}05$

d) $2{,}4 - 1{,}2 : 6 = 0{,}2$ e) $4 \cdot 0{,}6 + 1{,}4 = 8$ f) $7{,}5 : 5{,}2 - 2{,}7 = 3$

Info
Klammern müssen immer zuerst gerechnet werden. Erst dann kommt „Punkt vor Strich".

5 Berechne vorteilhaft.

a) $0{,}64 + 1{,}8 + 0{,}36$ b) $5{,}25 + 1{,}69 - 0{,}25$ c) $15{,}3 + 6{,}4 - 5{,}3 + 3{,}6$

= ______ = ______ = ______

= ______ = ______ = ______

d) $2{,}8 - 0{,}37 - 0{,}43$ e) $4 \cdot 1{,}47 + 4 \cdot 0{,}53$ f) $0{,}48 \cdot 12{,}29 - 0{,}48 \cdot 2{,}29$

= ______ = ______ = ______

= ______ = ______ = ______

6 Setze die Rechenzeichen passend in die Rechenausdrücke ein. + − · :

a) 6,4 ☐ 5,0 = 1,4 b) 4,8 ☐ 3 = 14,4 c) 12,5 ☐ 5 = 2,5 d) 4,75 ☐ 0,9 = 5,65

7 Eine Sporthalle fasst 5200 Zuschauer. Davon sind 3600 Sitzplätze.

Eintrittspreise
Sitzplatz 17,50 €
Stehplatz 10,50 €

Am Mittwoch waren die Hälfte der Sitzplätze und ein Viertel der Stehplätze belegt.
Berechne die Gesamteinnahmen:

______ €

Das habe ich gelernt.

1 Kreuze die richtige Antwort an.

a) Um wie viel ist 0,99 kleiner als 1,01?	☐ 2 Zehntel	☐ 2 Hundertstel	☐ 2 Tausendstel
b) Um wie viel ist 8,5064 größer als 8,5024?	☐ 4 Zehntel	☐ 4 Hundertstel	☐ 4 Tausendstel
c) Um wie viel ist 0,510 größer als 0,498?	☐ 12 Zehntel	☐ 12 Hundertstel	☐ 12 Tausendstel

2 Timo kennt einen Rechentrick. „Wenn ich eine Zahl durch 0,1 teile, multipliziere ich einfach mit 10." Probiere diesen Trick aus.

3,6 : 0,1 = ____   3,6 · 10 = ____

Probiere auch mit anderen Zahlen in deinem Heft.

Teilen durch 0,5 bedeutet Multiplizieren mit 2.
Geht das auch? ☐ ja / ☐ nein
Probiere.

3 Hier hat sich ein Fehler eingeschlichen. Finde ihn und rechne neu.

a)
```
    5, 6 4
+ 1 2, 3
+     4 7
  1 1
---------
  7 3, 4
```

b)
```
      1 7
- 0, 0 8
      1
---------
   0, 9
```

c) 0,35 : 0,5 = 0,07

4 Wie ändert sich das Ergebnis, wenn die orange Zahl ausgetauscht wird? Kreuze an.

4,5 + 3,6 : **2,5**	Ergebnis wird größer	Ergebnis wird kleiner
a) Die Zahl 2,5 wird durch 0,5 ausgetauscht.	☐	☐
b) Die Zahl 2,5 wird durch 7,2 ausgetauscht.	☐	☐

5 Von den drei Behauptungen ist eine falsch. Kreuze an.

	richtig	falsch
a) Addiert man zu einer Zahl mit zwei Nachkommastellen eine Zahl mit einer Nachkommastelle, hat das Ergebnis drei Nachkommastellen.	☐	☐
b) Subtrahiert man von einer Zahl mit zwei Nachkommastellen eine Zahl mit drei Nachkommastellen, hat das Ergebnis drei Nachkommastellen.	☐	☐
c) Multipliziert man zwei Zahlen, die zwischen Null und Eins liegen, ist das Ergebnis kleiner als jeder der beiden Faktoren.	☐	☐

6 In den orangen Feldern steht das Ergebnis der beiden benachbarten grauen Felder.

a) Fülle alle Felder aus.

b) Wie groß ist die Summe der Zahlen aller grauen Felder? ____________

c) Addiere die Zahlen der drei orangen Felder. ____________

d) Was fällt dir auf? ____________

____

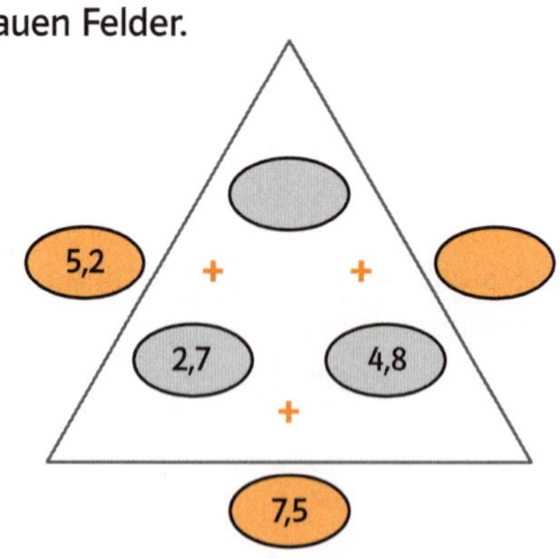

Wo stehe ich?

Ich kann …	So schätze ich mich selbst ein:	Meine Testergebnisse:
1 Würfel- und Quadernetze erkennen.	☺ 😐 ☹	☺ 😐 ☹
2 fehlende Flächen in Würfel- und Quadernetzen ergänzen.	☺ 😐 ☹	☺ 😐 ☹
3 Würfel und Quader zum Schrägbild ergänzen.	☺ 😐 ☹	☺ 😐 ☹
4 Körper an ihren Formen erkennen.	☺ 😐 ☹	☺ 😐 ☹
5 verschiedene Ansichten von Körpern erkennen.	☺ 😐 ☹	☺ 😐 ☹
6 Würfel, Quader und Pyramiden beschreiben.	☺ 😐 ☹	☺ 😐 ☹

Test zur Überprüfung deiner Selbsteinschätzung

1 Ein Würfelnetz und ein Quadernetz stimmen nicht. Kennzeichne es mit f.

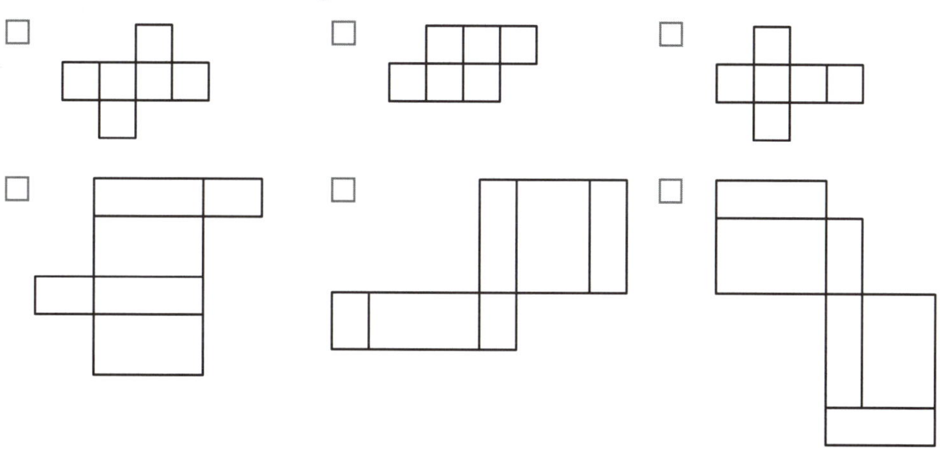

☺ 😐 ☹
Ich übe nochmal:
→ Seite 84 | Aufgaben 1 und 2

2 Ergänze zu einem vollständigen Netz.

a) Würfel  b) Quader 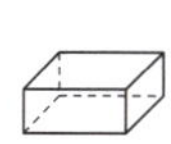

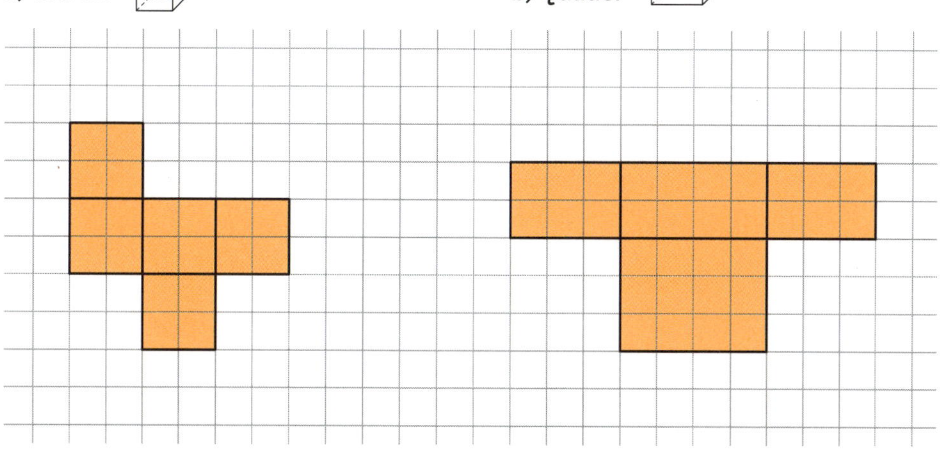

☺ 😐 ☹
Ich übe nochmal:
→ Seite 84 | Aufgabe 3

3 Ergänze zum Schrägbild.

a) Würfel
Kantenlänge: 3 cm

b) Quader
Kantenlängen: 2 cm, 3 cm und 4 cm

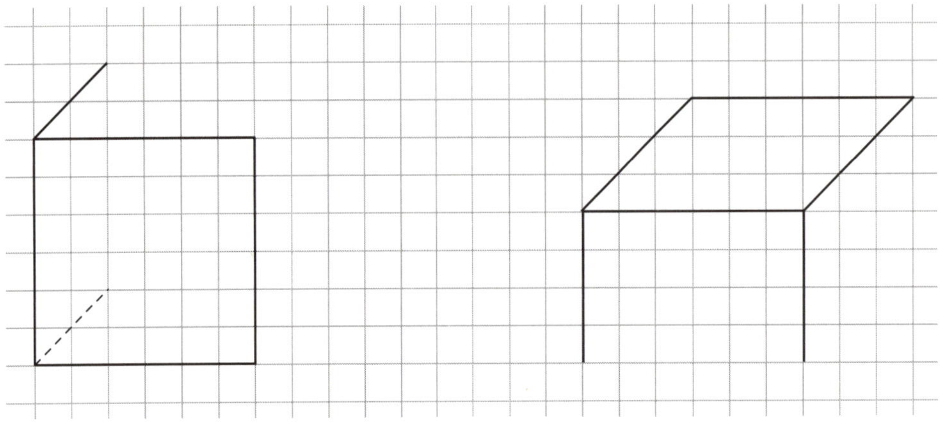

☺ 😐 ☹
Ich übe nochmal:
→ Seite 84 | Aufgabe 4
→ Seite 55 | Aufgabe 2

4 Ordne die Bilder den Namen zu.

A
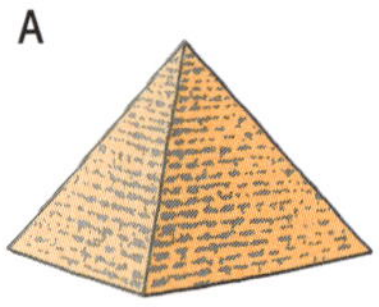
B
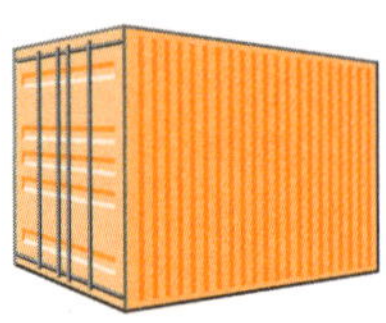
C
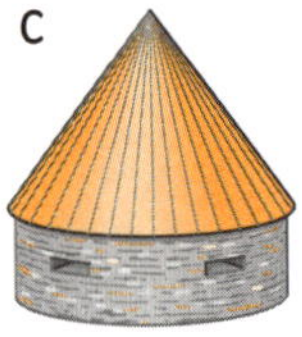
D

E

Kugel |

Zylinder |

Kegel |

Pyramide |

Quader |

☺ 😐 ☹
Ich übe nochmal:
→ Seite 52 | Aufgabe 5

5 Setze die Namen der Körper ein.

Quader   Zylinder   Pyramide   Kegel

Körper	Würfel				
Ansicht von oben					
Ansicht von unten					

☺ 😐 ☹
Ich übe nochmal:
→ Seite 52 | Aufgabe 4

6 Fülle die Tabelle aus.

	Anzahl der Ecken	Anzahl der Flächen	Anzahl der Kanten
Würfel	8		
Quader			
quadratische Pyramide			

☺ 😐 ☹
Ich übe nochmal:
→ Seite 54 | Aufgabe 2

Prisma

1 Kreuze an, welche Körper Prismen sind. Achte auf Grund- und Deckflächen.

A ☐ B ☐ C ☐ D ☐ E ☐ F ☐ G ☐

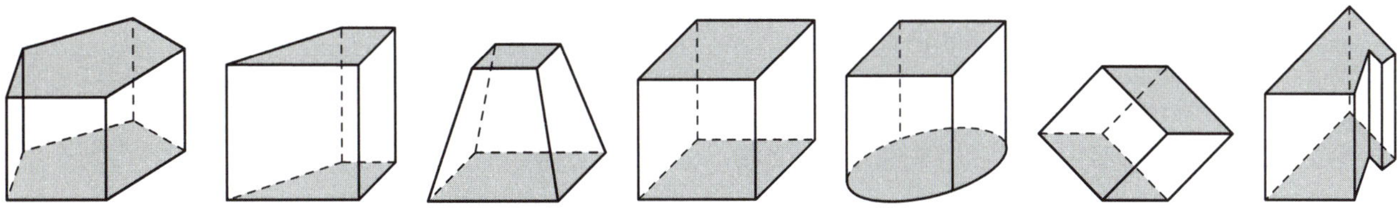

2 Ergänze das Schrägbild des Prismas durch die fehlenden Mantelkanten und Flächen.
Färbe die Grund- und Deckfläche. Achte darauf, dass verdeckte Kanten gestrichelt gezeichnet werden.

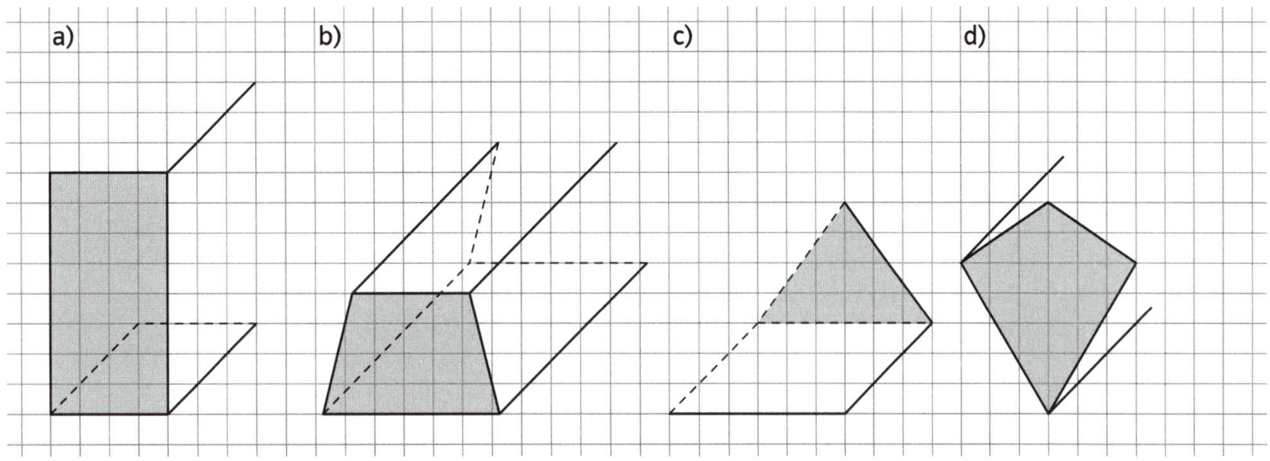

3 a) Ergänze das Netz des Prismas. Übertrage die Buchstaben der Ecken in das Netz.

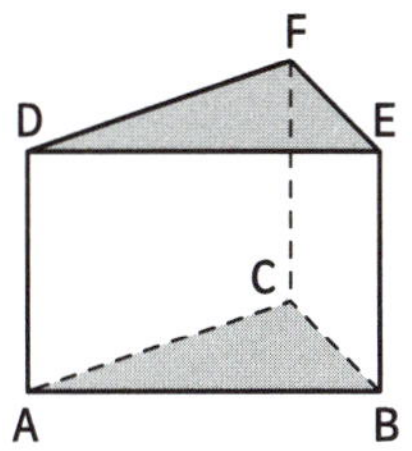

Dreiecksprisma mit einem gleichschenkligen Dreieck als Grundfläche.

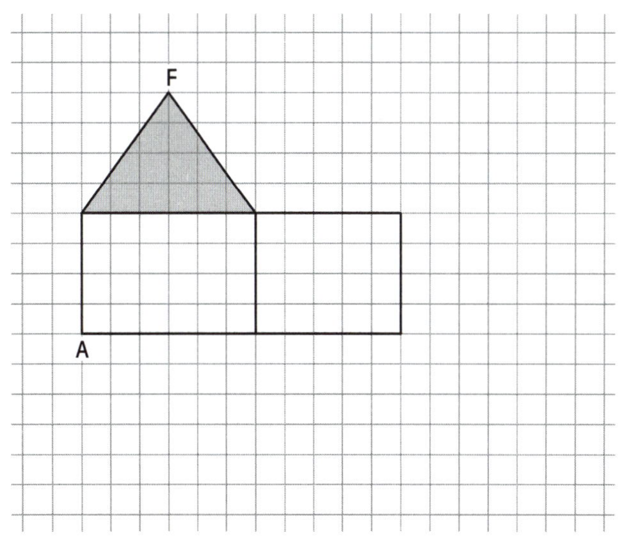

b) Übertrage das Netz in doppelter Größe auf ein kariertes Blatt, schneide es aus und falte das Netz zu einem Prisma.

4 Zwei der vier Abbildungen sind Netze eines Prismas. Kreuze an.
Wenn du unsicher bist, dann zeichne das Netz auf ein kariertes Blatt, schneide es aus und falte es zu einem Prisma.

A ☐ B ☐ C ☐ D ☐

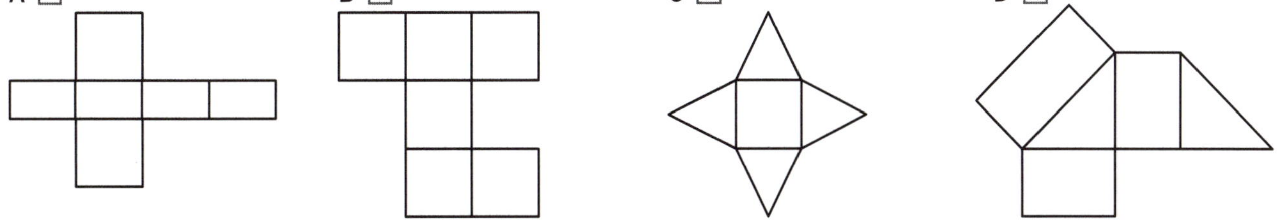

1 Finn bastelt sich aus Trinkhalmen und Pfeifenreinigern das Kantenmodell einer quadratischen Pyramide. Dazu schneidet er entsprechende Teile von den Trinkhalmen ab. Die Pfeifenreiniger schneidet er auf eine Länge von 4 cm zu. Für jede Eckverbindung benötigt er zwei Pfeifenreinigerstücke und für die Spitze braucht er vier.

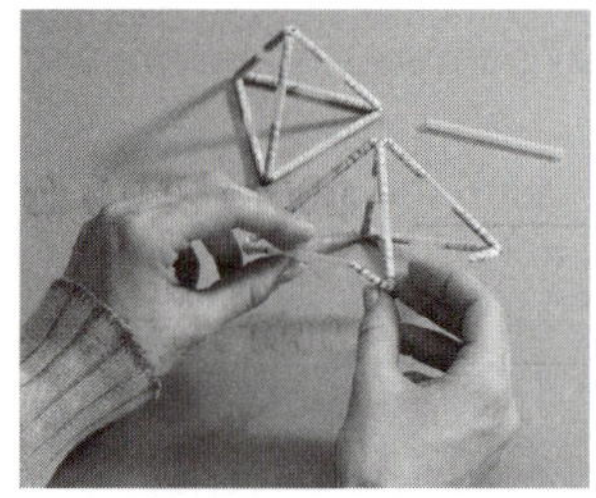

Tipp
Zum Basteln brauchst du:
Trinkhalme
Pfeifenreiniger
Schere
Geodreieck

a) Wie viele Teile der Trinkhalme benötigt er? ______ Wie viele Teile der Pfeifenreiniger benötigt er? ______

b) Bastle selbst das Kantenmodell der Pyramide.

2 Bezeichne die Spitzen der Pyramiden mit S. Ergänze die Tabelle.

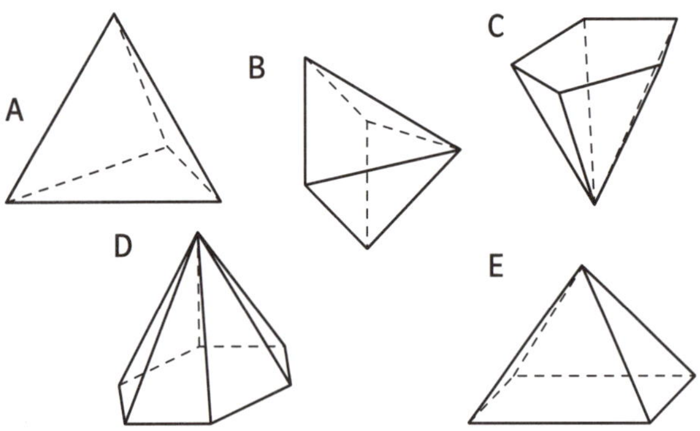

		Anzahl der		
		Ecken	Flächen	Kanten
A	Dreieckspyramide			
	Quadratpyramide			
	Rechteckspyramide			
	Fünfeckspyramide			
	Sechseckspyramide			

3 Ergänze die beiden Netze der quadratischen Pyramide.
Übertrage die Buchstaben der Ecken in beide Netze.

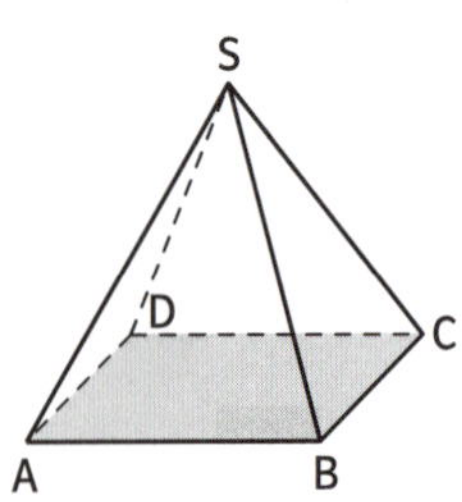

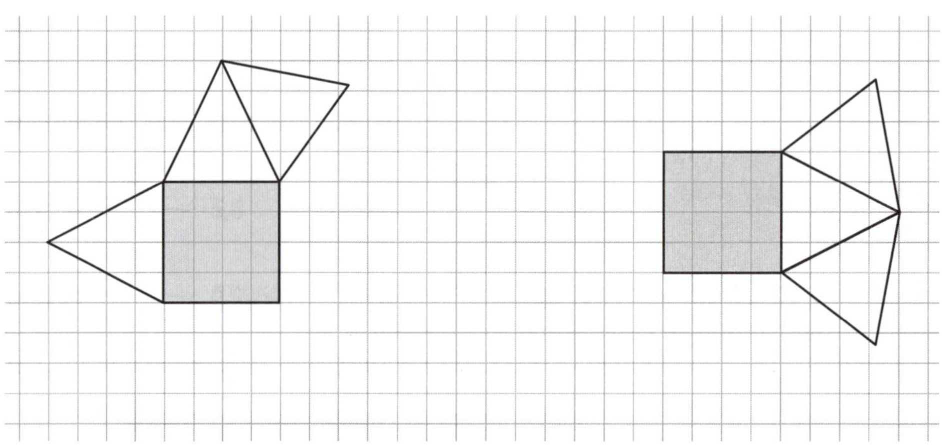

4 Nur zwei der Abbildungen sind Pyramidennetze; kreuze diese an.
Markiere die Fehler.

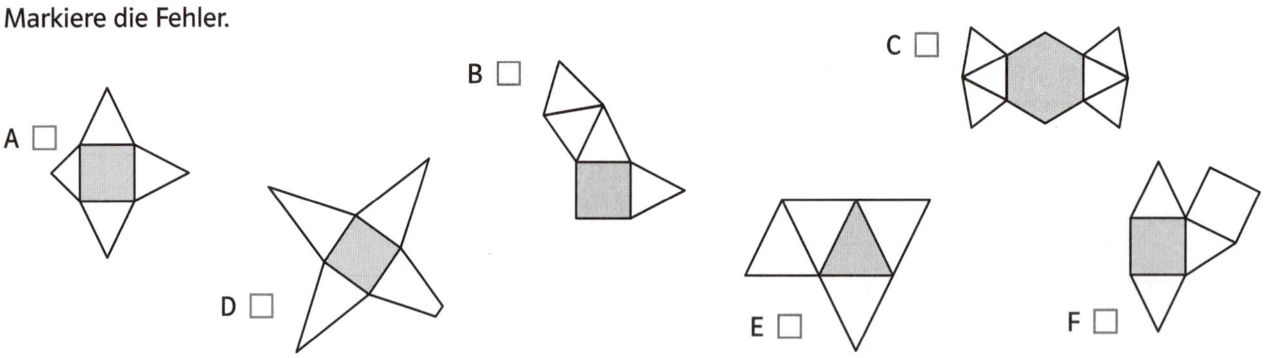

1 Ein Würfel ist aus unterschiedlichen Blickwinkeln dargestellt.
Ordne zu, um welche Ansicht es sich handelt.

A
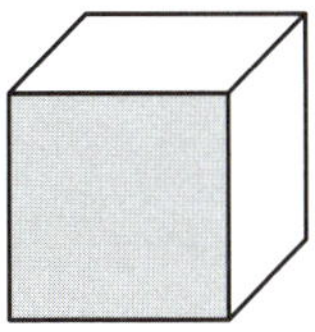

B
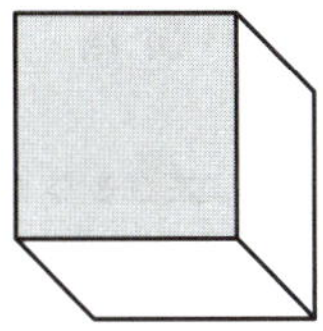

C
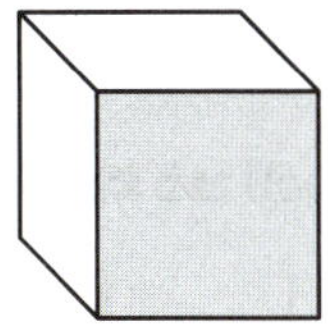

D

E
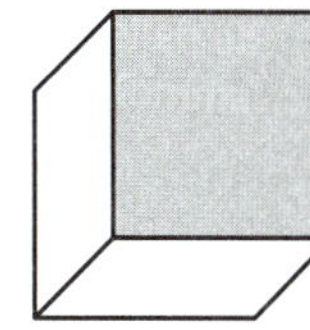

| von unten rechts

| von vorne

| von oben rechts

| von oben links

| von unten links

2 Ergänze das Schrägbild.

a) Würfel

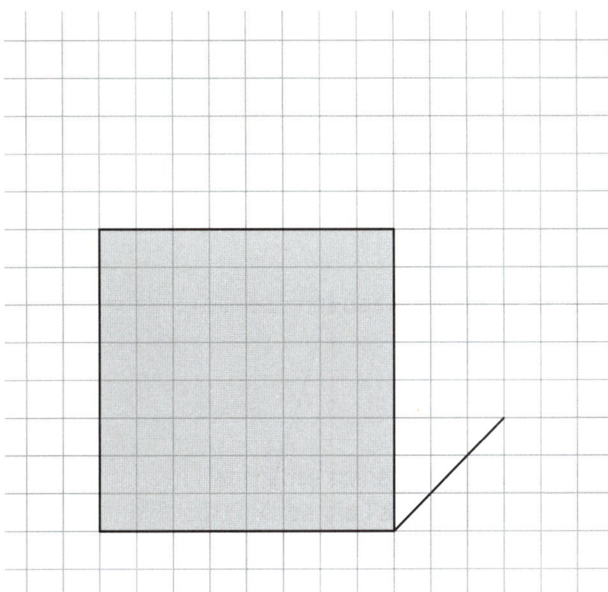

b) Quader

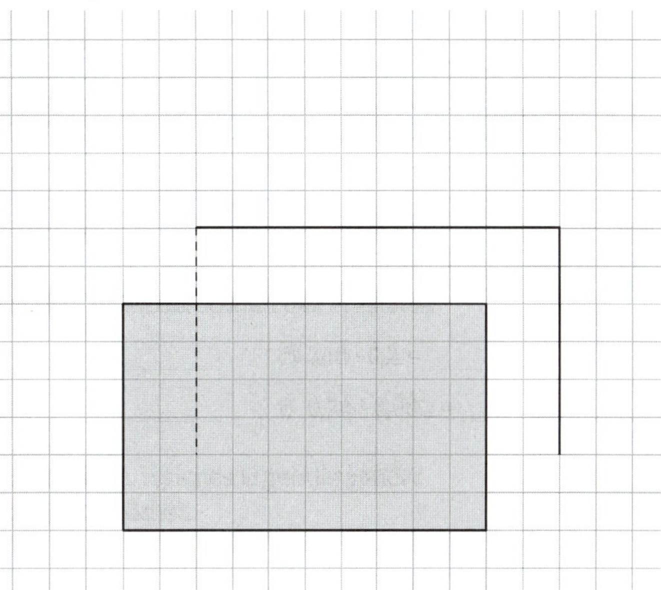

3 Ein Dreiecksprisma soll im Schrägbild dargestellt werden:

a) stehend.

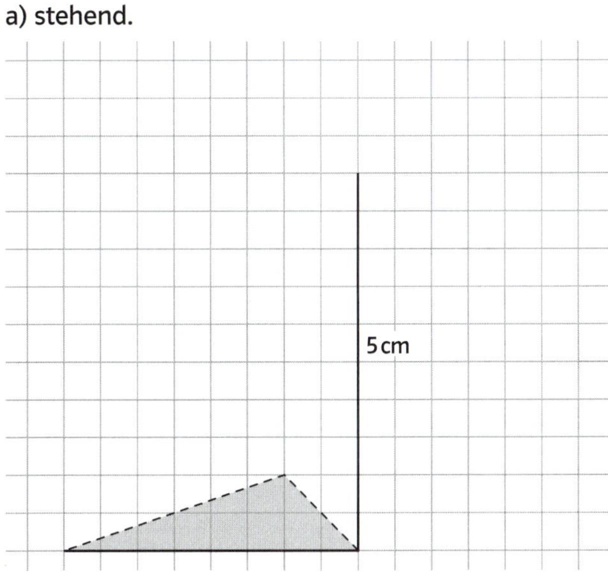

b) liegend.

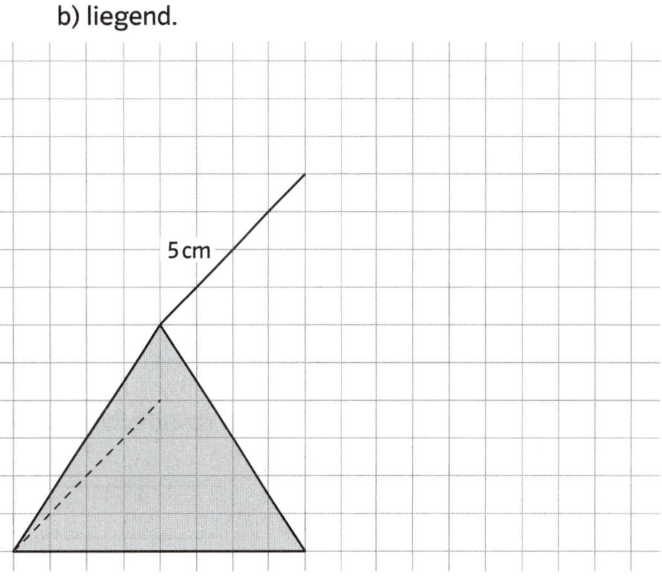

4 Ergänze das Schrägbild der Quadratpyramide.
Bestimme durch Messen die Länge der Grundkante und der Höhe.

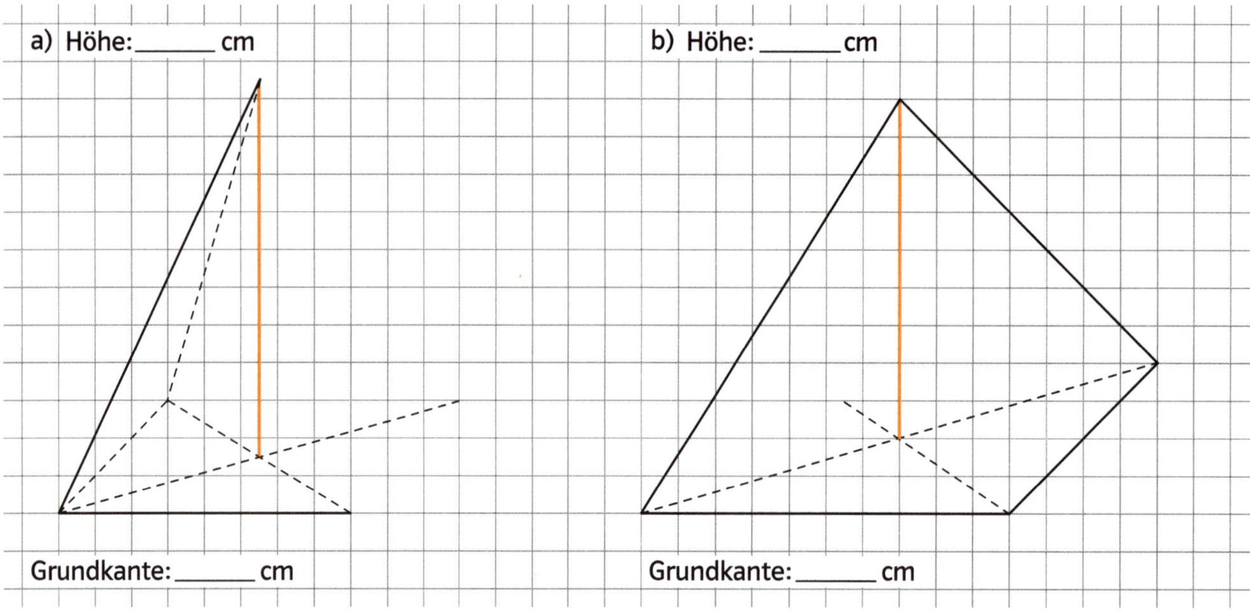

5 Ergänze das Schrägbild der Quadratpyramide.

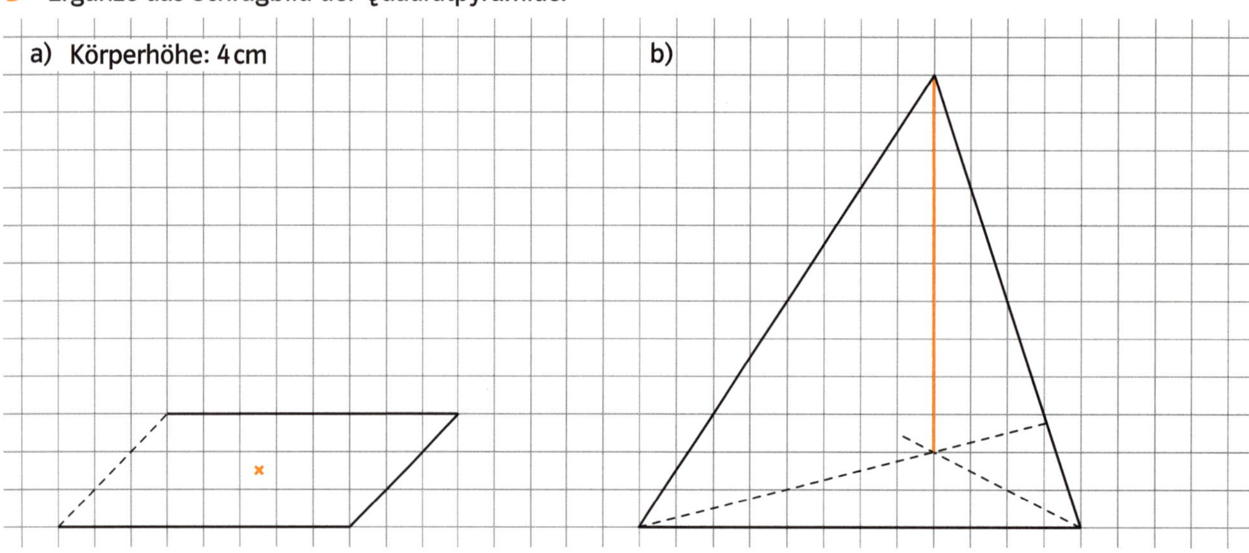

6 a) Zeichne das Schrägbild des Dreiecksprismas liegend.

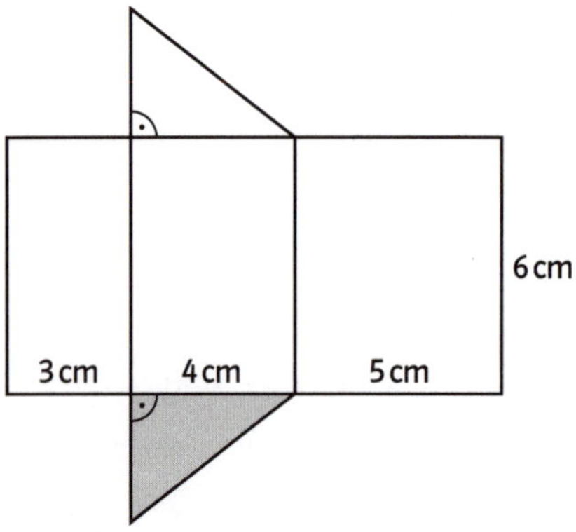

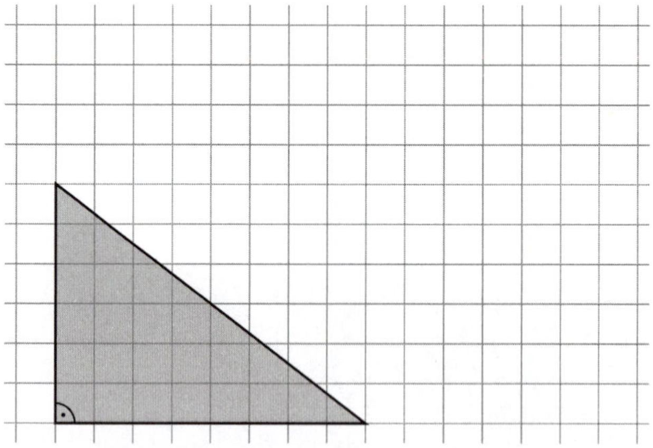

b) Übertrage das Netz mit den angegebenen Längen auf ein kariertes Blatt. Schneide das Netz aus und falte es zum Dreiecksprisma. Vergleiche mit dem Schrägbild.

1 Ein Zylinder, ein Kegel und eine Kugel rollen auf einer farbigen Unterlage und hinterlassen dabei Spuren. Welcher Körper hat den Abdruck gemacht?

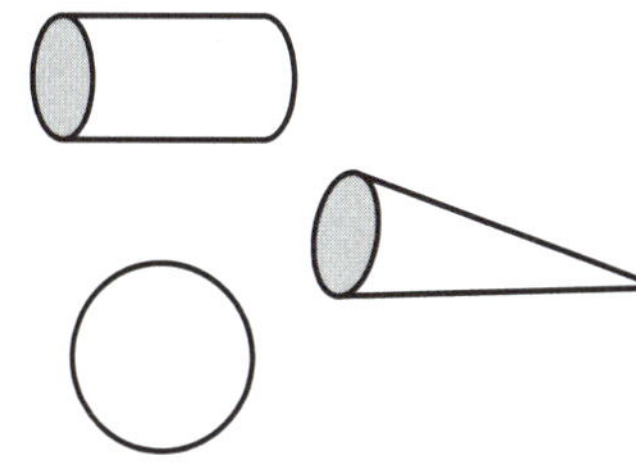

______________ ______________ ______________

2 In wie vielen unterschiedlichen Lagen kann man einen Körper aufstellen, ohne dass er umkippt oder wegrollt?

a) Einen Zylinder kann man in ________ unterschiedlichen Lagen aufstellen, nämlich auf der Grundfläche und auf der ______________________ .

b) Einen Kegel kann man auf der ______________________ aufstellen.

c) Eine Kugel hat nur ________ Auflagepunkt.

3 Bei welchen Körpern können diese Flächen vorkommen? Kreuze an.

		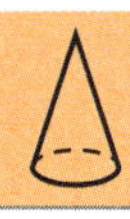	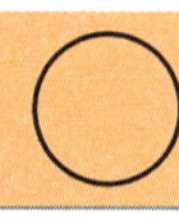	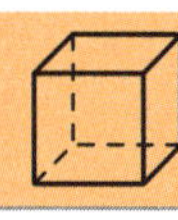	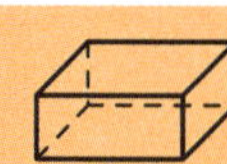	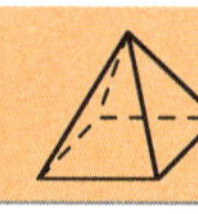	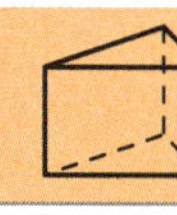
	☐	☐	☐	☐	☐	☐	☐
	☒	☐	☐	☐	☐	☐	☐
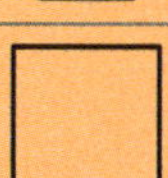	☐	☐	☐	☐	☐	☐	☐
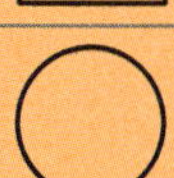	☒	☐	☐	☐	☐	☐	☐
	☐	☐	☐	☐	☐	☐	☐

4 Zwei Zylindernetze und zwei Kegelnetze passen zu den jeweiligen Körpern. Ordne zu.

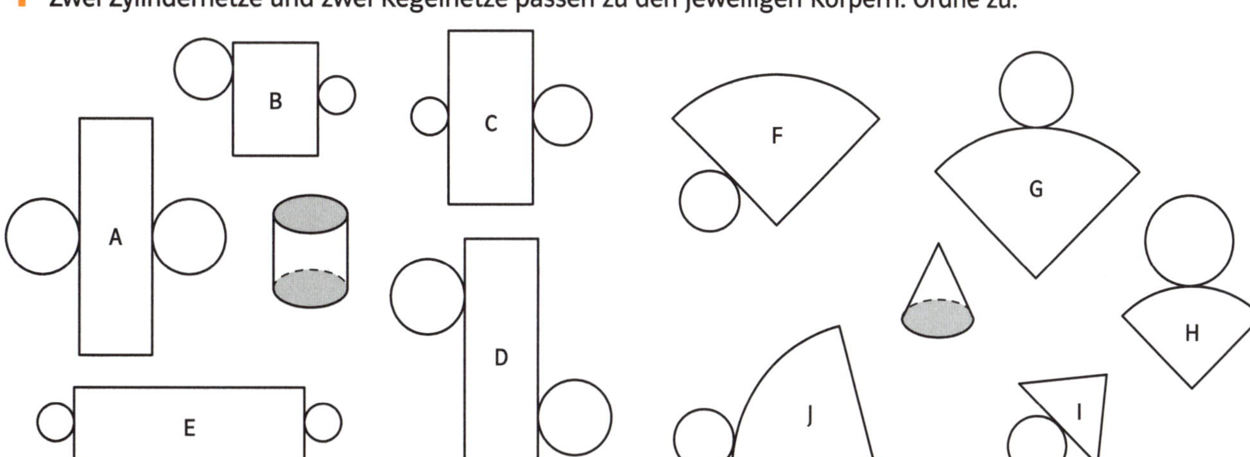

Das habe ich gelernt.

1 Ergänze das Netz des Dreiecksprismas. Die Mantelkanten sollen 3 cm lang sein.

Grundfläche:

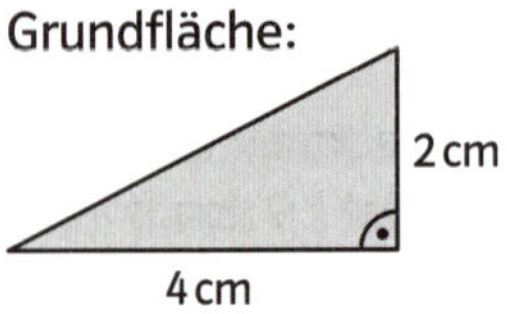

Schrägbild:

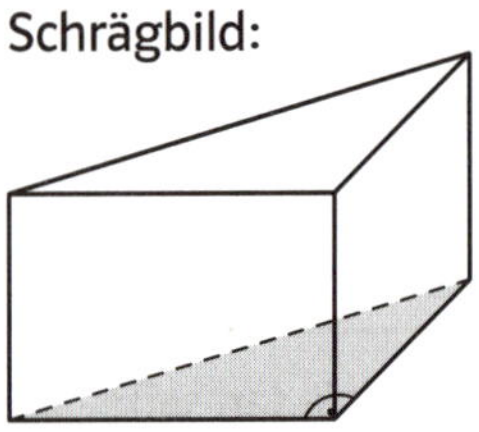

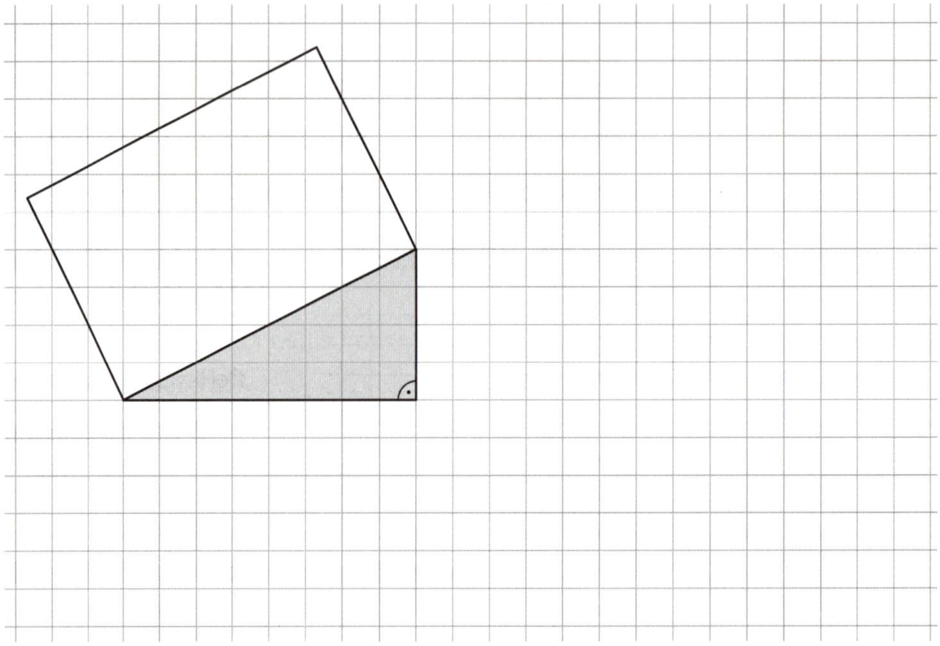

2 Ergänze zum Schrägbild einer doppelten Quadratpyramide. Die Gesamthöhe beträgt 7 cm.

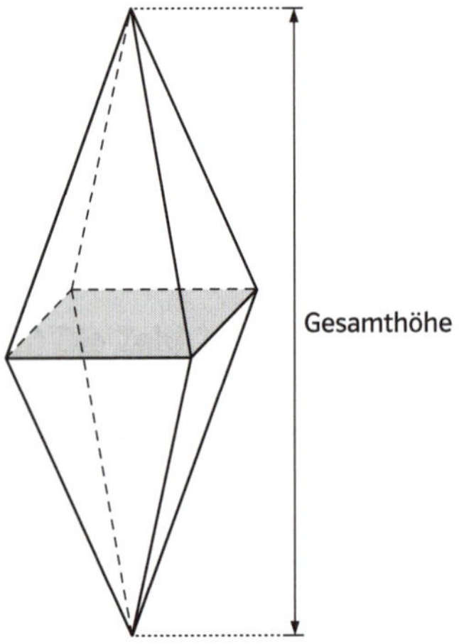

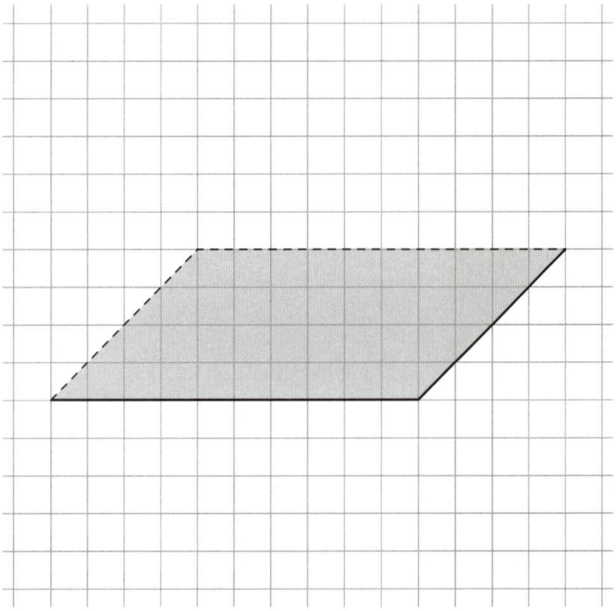

3 Welcher Körper wird gesucht? Ordne die Körper den Steckbriefen zu.

- Der Körper hat weder Ecken noch Kanten.
- Das Netz besteht aus vier Flächen.
- Das Netz besteht aus sechs gleich großen Flächen.
- Das Netz besteht aus fünf Flächen.
- Der Körper hat acht Ecken und zwölf Kanten.
- Das Netz besteht aus Kreis und Kreisteil.
- Das Netz hat zwei runde und eine eckige Fläche.

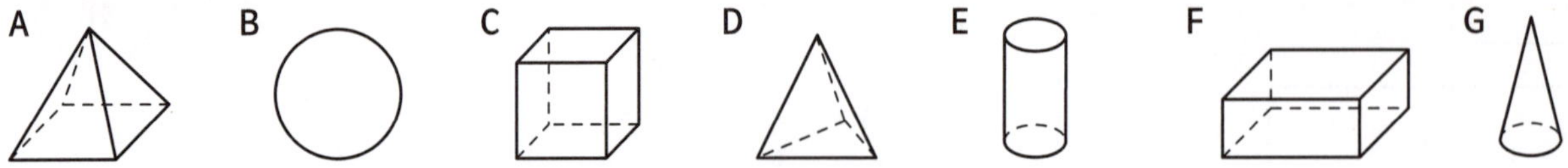

Wo stehe ich?

Ich kann …	So schätze ich mich selbst ein:	Meine Test-ergebnisse:
1 Additions- und Subtraktionsaufgaben mit Platzhaltern lösen.	☺ 😐 ☹	☺ 😐 ☹
2 Multiplikations- und Divisionsaufgaben mit Platzhaltern lösen.	☺ 😐 ☹	☺ 😐 ☹
3 einfache Zahlenrätsel lösen.	☺ 😐 ☹	☺ 😐 ☹
4 zu einfachen geometrischen Figuren Rechenausdrücke aufstellen und Berechnungen durchführen.	☺ 😐 ☹	☺ 😐 ☹
5 die Summe der Kantenlängen eines Würfels und eines Quaders berechnen.	☺ 😐 ☹	☺ 😐 ☹
6 die Oberfläche eines Würfels und eines Quaders berechnen.	☺ 😐 ☹	☺ 😐 ☹
7 einfache Sachaufgaben lösen.	☺ 😐 ☹	☺ 😐 ☹

Test zur Überprüfung deiner Selbsteinschätzung

1 Ergänze die fehlende Zahl.

a) 36 + ☐ = 43 b) ☐ + 67 = 100 c) 188 − ☐ = 89 d) ☐ − 40 = 29

☺ 😐 ☹
Ich übe nochmal:
→ Seite 85 | Aufgabe 1

2 Ergänze die fehlende Zahl.

a) 7 · ☐ = 63 b) ☐ · 15 = 105 c) 99 : ☐ = 3 d) ☐ : 11 = 11

☺ 😐 ☹
Ich übe nochmal:
→ Seite 85 | Aufgabe 2

3 Löse das Zahlenrätsel.

a) Wenn ich zu meiner Zahl 9 addiere, erhalte ich 24. ______

b) Ich denke mir eine Zahl, multipliziere sie mit 3, subtrahiere 4 und erhalte 11. ______

☺ 😐 ☹
Ich übe nochmal:
→ Seite 85 | Aufgabe 3

4 Ergänze den Rechenausdruck und berechne den Umfang der Figur.

a)
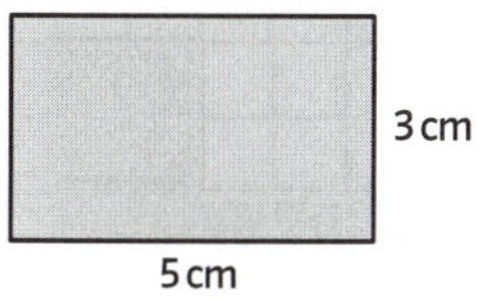

5 cm + 3 cm + ______ cm + ______ cm

Umfang: ______ cm

b)
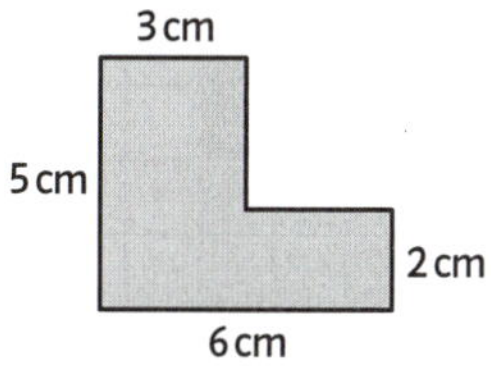

6 cm + 2 cm + ______ cm + ______ cm + 3 cm + 5 cm

Umfang: ______ cm

5 Berechne die Summe der Kantenlängen.

a) Würfel

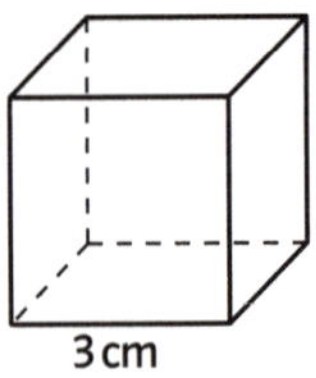

12 · ________

= ________ cm

b) Würfel
Streichholzlänge: 4,5 cm

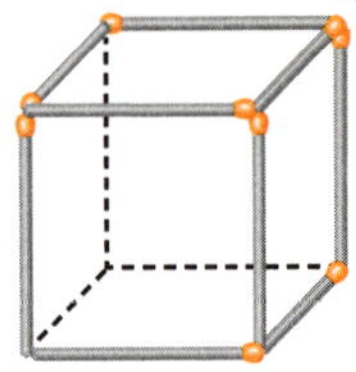

________ · ________

= ________ cm

c) Quader

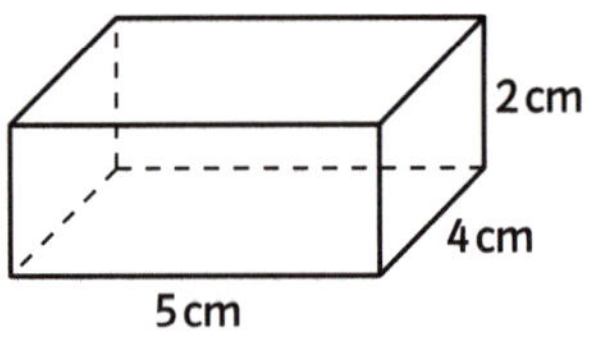

____

= ________ cm

6 Berechne die Oberfläche.

a) Würfel

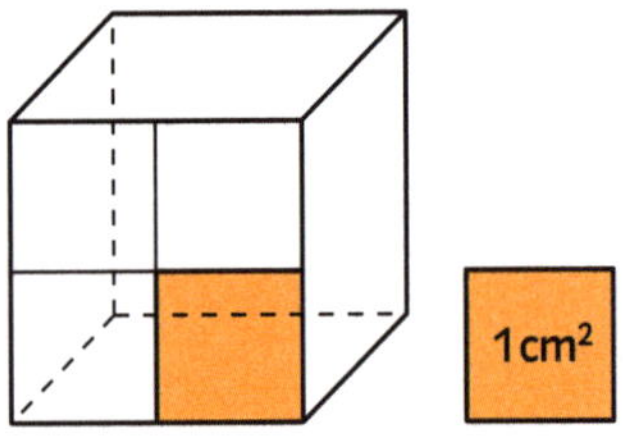

____

____

b) Quader

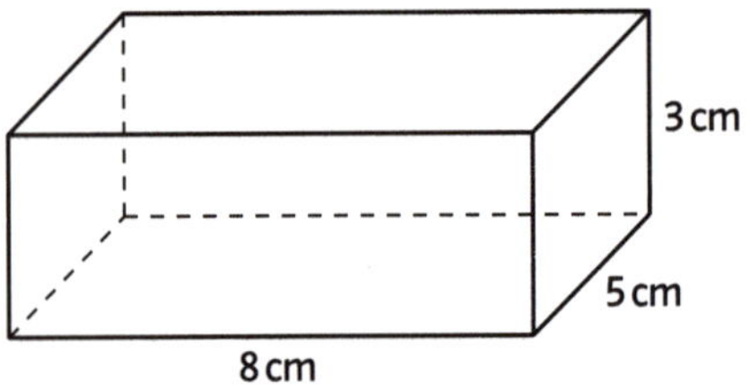

____

____

____

Ich übe nochmal:
→ Seite 85 | Aufgabe 4

7 Löse die Sachaufgabe.

a) Lea braucht ein neues Mathematik-Heft. Beim Schreibwarenhändler kosten vier Hefte 2,20 €. Im Supermarkt kosten fünf Hefte 2,45 €.
In welchem Geschäft ist das einzelne Heft günstiger?

____

____

____

b) Familie Wolf möchte eine Wand im Bad neu fliesen. Die Wand ist 3,55 m lang und hat eine Höhe von 2,20 m. 1 m^2 Fliesen kostet 36,50 €; die Fliesen werden nur in Paketen zu 1 m^2 abgegeben.

____

____

____

Ich übe nochmal:
→ Seite 85 | Aufgabe 5

1 Ersetze die Variable durch ein passendes Wort oder eine passende Zahl.

a) Ein Tag hat x Stunden. ______

b) Ein x hat vier Ecken. ______

c) ♦ ist eine Hafenstadt. ______

d) Der ♥ fließt durch Heidelberg ______

e) Die 🕊 ist ein Zugvogel. ______

f) 13 ist die Summe aus 6 und z. ______

2 Wofür stehen die Variablen im Rechenausdruck?

a) Flächeninhalt eines Quadrats: a · a — a: ______

b) Flächeninhalt eines Rechtecks: a · b — a: ______ b: ______

c) Summe der Kantenlängen eines Würfels: 12 · a — a: ______

d) Summe der Kantenlängen einer quadratischen Pyramide: 4 · g + 4 · m — g: ______ m: ______

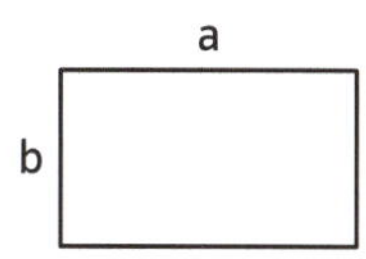

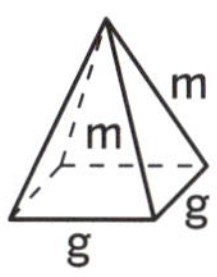

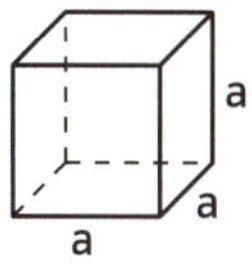

3 Ersetze die Variable. Gib jeweils zwei Beispiele an.

a) g ist eine gerade Zahl. ______

b) x ist Teiler von 18. ______

c) y ist durch 3 teilbar. ______

d) z ist kleiner als 14. ______

e) k ist keine Primzahl. ______

f) q liegt zwischen 0 und 1. ______

4 Benenne die Figur und notiere den richtigen Term für die Umfangsberechnung.

a + b + c | 2 · a + 2 · b | 4 + a | a + 2 · b + c | 4 · a

a)

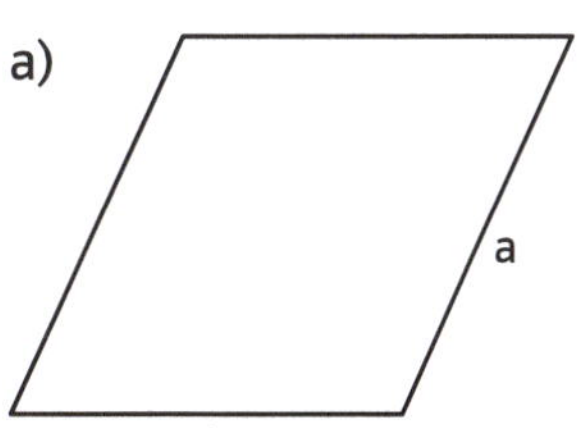

Raute

u = ______

b)

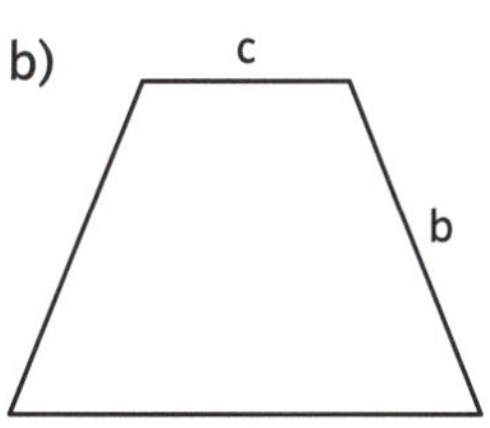

______

u = ______

c)

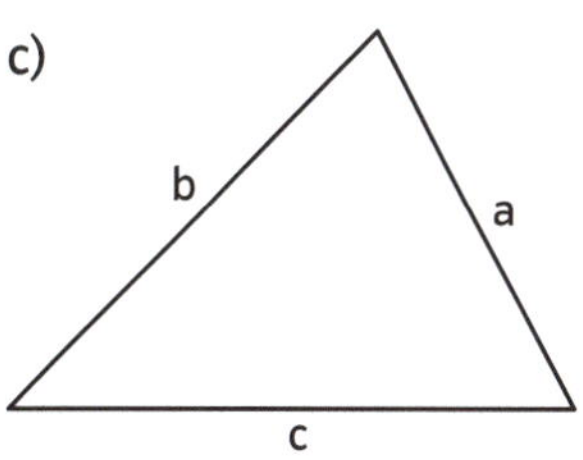

______

u = ______

d)

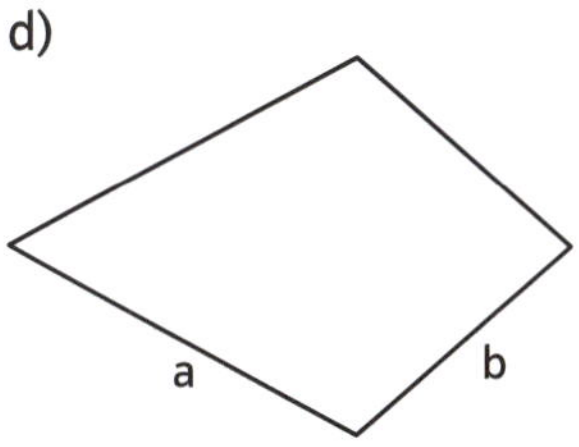

______

u = ______

5 Ordne jedem Satz einen Term zu. Wofür steht die Variable?

A | y : 2   B | x − 2   C | 2 · b   D | 2 · a + 2   E | k + 2

a) Der Benzinpreis wurde um 2 ct gesenkt. ☐ ; x ist der ursprüngliche Preis.

b) Marvin ist doppelt so alt wie seine Schwester. ☐ ; ______

c) Das neue Handy kostet nur noch die Hälfte. ☐ ; ______

d) In die Klasse 6a kommen zwei neue Schüler. ☐ ; ______

e) Der Hund wiegt zwei Kilogramm mehr als das Zweifache der Katze. ☐ ; ______

1 Fülle die Tabelle aus: Setze für die Variable x die Zahl ein und berechne den Wert des Terms.

x	x + 6	6 − x	5 · x	2 · x + 4	8 − 1 · x	4 · x − 3 · x	2 · x + 3 − 2 · x
1	1 + 6 = 7						
2							
3							
5							

2 Hannah hat Zahlen eingesetzt und den Wert des Terms berechnet.
Dabei ist ihr in jeder Zeile ein Fehler unterlaufen. Streiche den fehlerhaften Wert und korrigiere.

	Term	Ergebnis für x =			Korrektur
		0	1	4	
a)	5 − x + 2	7	~~2~~	3	
b)	1 + 3 · x	1	4	16	
c)	5^2 − x	10	24	21	
d)	5 · (4 + x)	20	21	40	

3 Setze für die Variablen x und y die angegebenen Zahlen ein und berechne den Wert des Terms.

	Term	Term mit x = 4 und y = 5	Wert
a)	x + 2 · y	4 + 2 · 5	14
b)	3 · x − y		
c)	2 · y − x		
d)	4 · x + 2 · y		

	Term	Term mit x = 3 und y = 2	Wert
e)	10 − x − y		
f)	10 − (x − y)		
g)	x^2 − y		
h)	2 · x + 7 − 3 · y		

4 Setze die Kärtchen im Term an die richtigen Stellen.

	Kärtchen	Term	Wert für x = 4
a)	3 x	2 · ▢ + ▢	10
b)	x 2	▢ · 4 − 3 + ▢	9

	Kärtchen	Term	Wert für x = 4
c)	x 1	(27 − ▢) − ▢ · ▢	10
d)	8 x	▢ + ▢ − ▢ : 2	8

1 Käfer TT wandert gerne. Gib die **Wegstrecke** als Term an.

a) 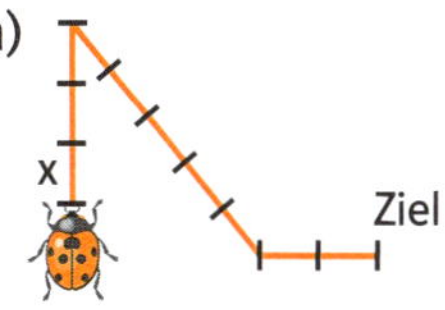

10 · x

b) 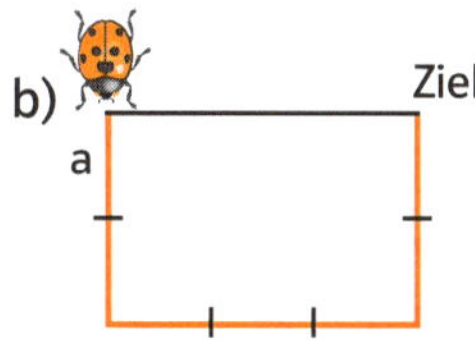

______

c) 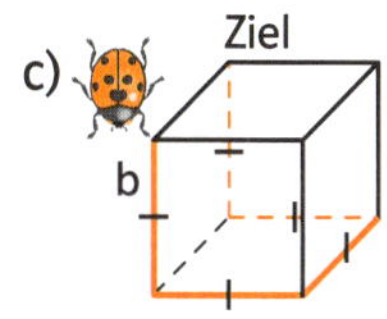

______

d) 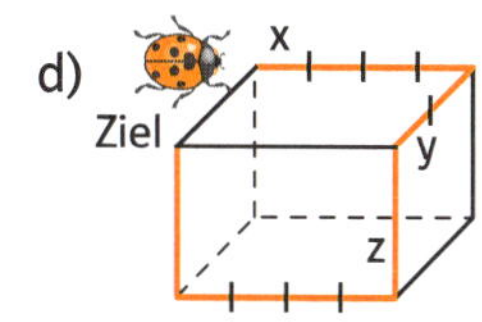

______

2 Stelle für den Umfang der Fläche einen Term auf.

a) 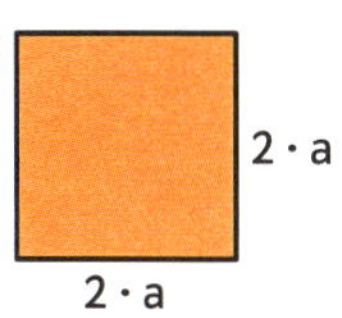

$u = 2 \cdot a + 2 \cdot a +$ ______ + ______

= ______

b) 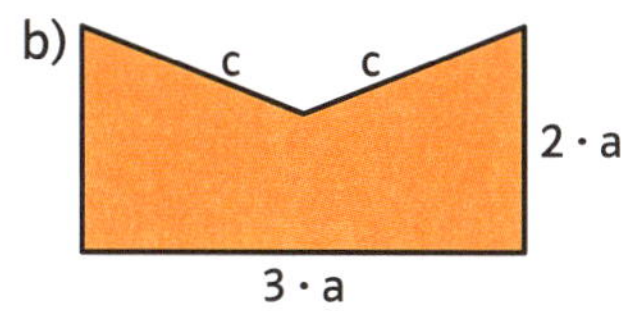

u = ____ + ____ + ____ + ____ + ____

= ______

c) 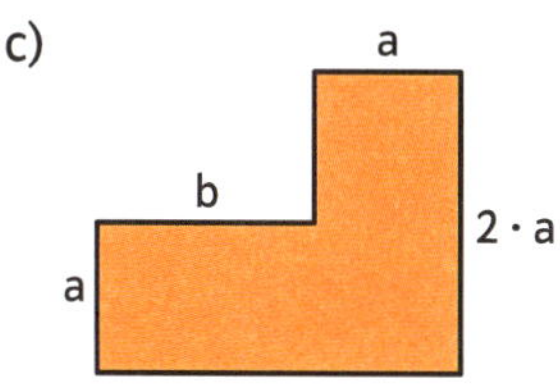

u = ______

= ______

3 Übersetze in einen Term.

a) Vergrößere 7 um 4. ______

b) Addiere 11 und das Doppelte von 3. ______

c) Vermindere 17 um 12. ______

d) Subtrahiere 10 von 21. ______

e) Vervielfache 4 mit 14. ______

f) 9 wird mit 3 multipliziert. ______

g) Bilde den dritten Teil von 18. ______

h) 25 wird durch 5 geteilt. ______

4 Bilde mit den Kärtchen Terme.
Finde jeweils zwei verschiedene Beispiele.

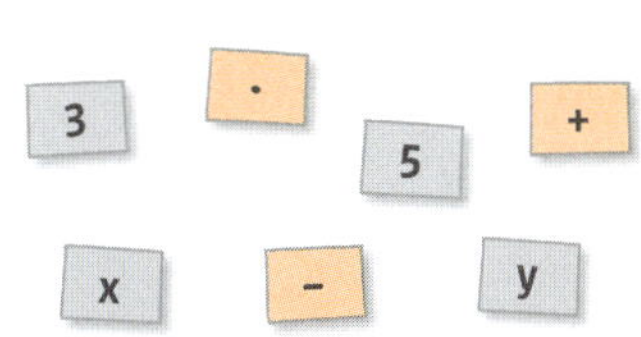

Info
„9 – x" ist ein Term.
„9 –" ist kein Term.

a) eine Summe: 3 + x ; ______

b) eine Differenz: ______ ; ______

c) ein Produkt: ______ ; ______

d) einen Term mit einem „+" und einem „–": x + 5 – y ; ______

e) einen Term mit einem „ · " und einem „:": ______ ; ______

5 Ordne dem Term die richtige Aussage zu. Berechne die Werte für die angegebenen Zahlen.

Aussage	Term	Wert für x			
		4	7	12	1,5
	3 · x				
	x : 2				
	2 · x – 2				
	x · x				

A | das Dreifache einer Zahl

B | die Zahl mit sich selbst multipliziert

C | die Hälfte der Zahl

D | das Doppelte der Zahl vermindert um 2

1 Löse die Gleichung durch Probieren. Setze für die Variable x den entsprechenden Wert ein.

a)

x	$3 \cdot x - 2 = 7$	richtig/falsch
1	$3 \cdot 1 - 2 = 7$ $1 = 7$	falsch
2		
3		
4		
5		

Die gesuchte Zahl ist ________ .

b)

x	$6 + x = 2 \cdot x - 3$	richtig/falsch
6		
7		
8		
9		
10		

Die gesuchte Zahl ist ________ .

2 Löse die Gleichung im Kopf. Wenn du alle Ergebnisse addierst, erhältst du 60.

a) $x + 4 = 7$ $x =$ ________
b) $15 - x = 9$ $x =$ ________
c) $3 \cdot y = 27$ $y =$ ________
d) $2 \cdot y + 1 = 25$ $y =$ ________
e) $12 = 5 \cdot y - 3$ $y =$ ________
f) $6 = 4 \cdot y - 3 \cdot y$ $y =$ ________
g) $x : 3 = 3$ $x =$ ________
h) $6 \cdot x + 24 = 8 \cdot x$ $x =$ ________

3 Streiche das falsche Kärtchen durch und löse die Gleichung im Kopf.

a) Die Summe aus 3 und einer Zahl ergibt 10. | $3 \cdot x = 10$ | $3 + x = 10$ | $x =$ ________

b) Subtrahiert man vom Doppelten einer Zahl 4, so erhält man 8. | $2 \cdot x - 4 = 8$ | $4 - 2 \cdot x = 8$ | $x =$ ________

c) Multipliziert man 5 mit einer um 2 verkleinerten Zahl, so erhält man 15. | $5 \cdot (2 - x) = 15$ | $5 \cdot (x - 2) = 15$ | $x =$ ________

d) Das 6-Fache einer Zahl geteilt durch 3 ergibt 8. | $6 + x : 3 = 8$ | $6 \cdot x : 3 = 8$ | $x =$ ________

4 Stelle für den Umfang des Rechtecks eine Gleichung auf und berechne x.

a) $u = 18\,cm$

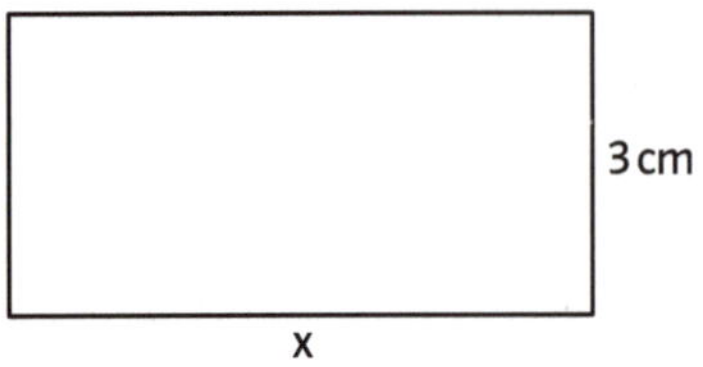

$2 \cdot x + 2 \cdot 3\,cm = 18\,cm$

$x =$ ________ cm

b) $u = 16\,cm$

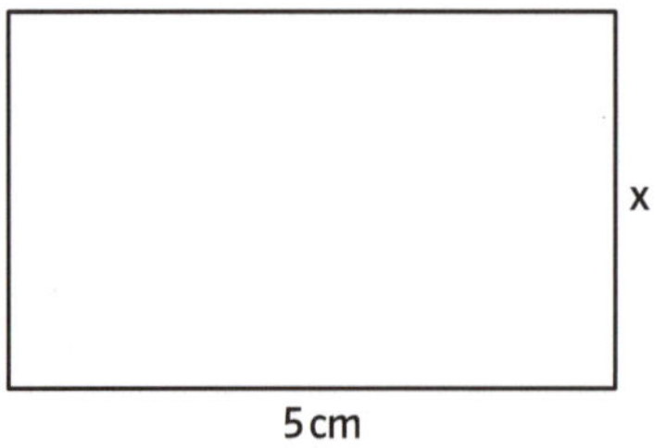

c) $u = 64\,cm$

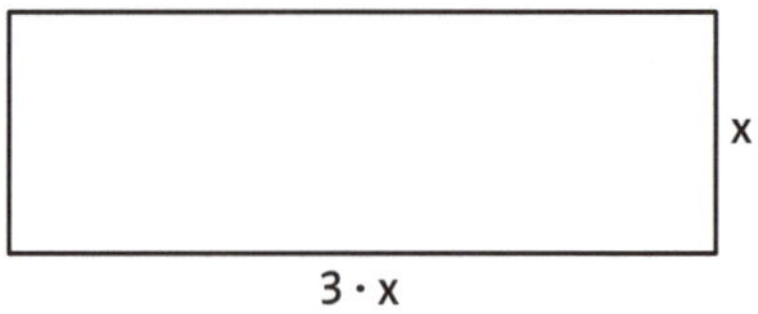

Das habe ich gelernt.

1 Ordne dem Satz einen Term zu. Erkläre die Bedeutung der Variablen.

5 − a b : 2 + 2 c + 4 2 · d − 1

	Satz	Term	Bedeutung der Variablen
a)	Finn denkt sich eine Zahl und vergrößert sie um 4.		die gedachte Zahl
b)	Amelie bezahlt nur die Hälfte und bekommt noch zwei Bonbons geschenkt.		
c)	Ich bezahle meine Rechnung mit einem 5-€-Schein.		
d)	Bei den Bundesjugendspielen hat Mia einen Punkt weniger, als die doppelte Punktzahl von Ben.		

2 Bei den Dominosteinen sollen die Zahlen in die Variable der Terme eingesetzt werden. Sechs Dominosteine sollen so zu einem „Domino-Ring" gelegt werden, dass immer zwei gleichwertige Terme aneinander liegen.

5 | 2 · x + 1

9 | 3 · (x − 1)

11 | 20 − x

3 · x | 2

x + 2 · x − 13 | 6

50 − 2 · x | 24

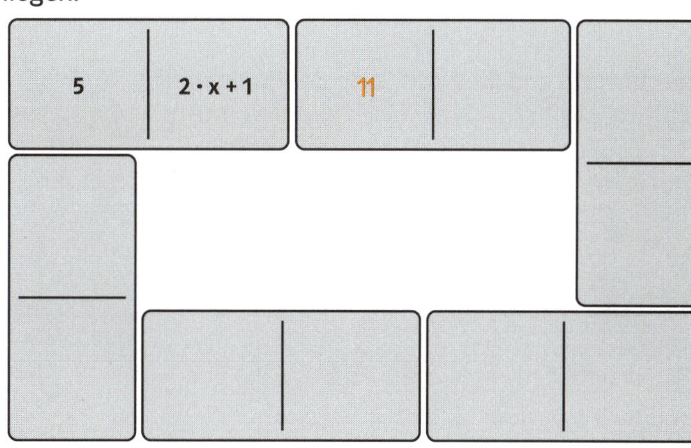

3 Löse die Gleichung im Kopf.

a) 21 − 6 · x = 3 x = ______

b) 3 · x + 10 = 5 · x x = ______

4 Stelle die Gleichung auf und löse sie.

a) Die Differenz aus 7 und einer Zahl ergibt 4. ______

b) Multipliziere eine Zahl mit 4 und addiere zum Ergebnis 2, so erhältst du 18. ______

5 Setze für die Variable x die Zahl 4 ein.

	richtig	falsch
a) 35 = 5 + 3 · x	☐	☐
b) 35 = (5 + 3) · x	☐	☐
c) 35 = 5 · 3 + x	☐	☐
d) 35 = 5 · (3 + x)	☐	☐

6 Setze für die Variable x die Zahl 5 ein. Bei zwei Gleichungen sind Fehler unterlaufen. Setze die fehlenden Klammern.

a) 4 + x − 2 = 7

b) 2 · x − 3 = 4

c) 9 − 3 + x = 1

d) x + 4 − x = 4

Wo stehe ich?

Ich kann …	So schätze ich mich selbst ein:	Meine Testergebnisse:
1 Wertepaare aus einem Quadratgitter entnehmen.	🙂 😐 🙁	🙂 😐 🙁
2 Wertepaare in ein Quadratgitter eintragen.	🙂 😐 🙁	🙂 😐 🙁
3 Informationen aus einem Diagramm entnehmen.	🙂 😐 🙁	🙂 😐 🙁
4 gemeinsame Teiler bei zwei Zahlen erkennen.	🙂 😐 🙁	🙂 😐 🙁
5 schriftlich Multiplikationsaufgaben und Divisionsaufgaben mit Größen lösen.	🙂 😐 🙁	🙂 😐 🙁
6 Sachaufgaben lösen.	🙂 😐 🙁	🙂 😐 🙁

Test zur Überprüfung deiner Selbsteinschätzung

1 Gib die Rechtswerte und die Hochwerte der Punkte an.

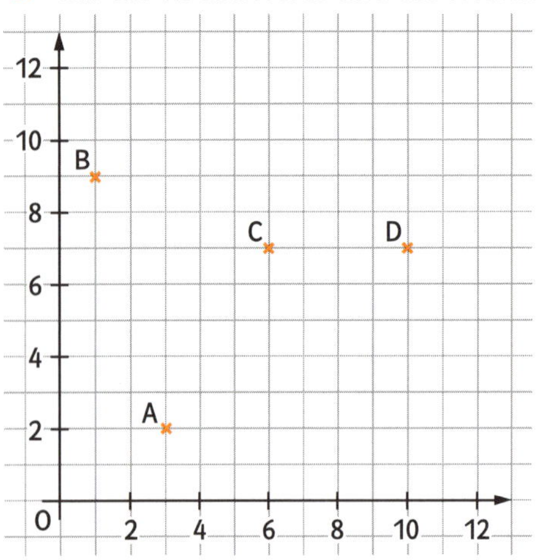

Punkt	Rechtswert	Hochwert
A	3	
B		9
C		
D		

🙂 😐 🙁
Ich übe nochmal:
→ Seite 86 | Aufgabe 1

2 Trage die Punkte in das Quadratgitter ein.

a) A(4 | 6) B(8 | 2)
C(0 | 8) D(6 | 0)

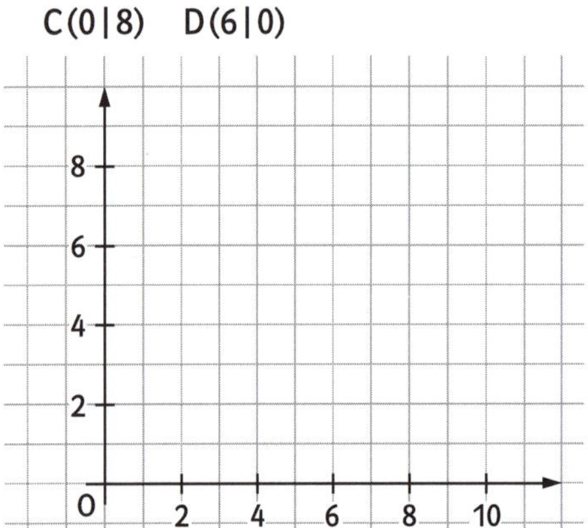

b) A(4 | 6) B(12 | 14)
C(20 | 2) D(6 | 16)

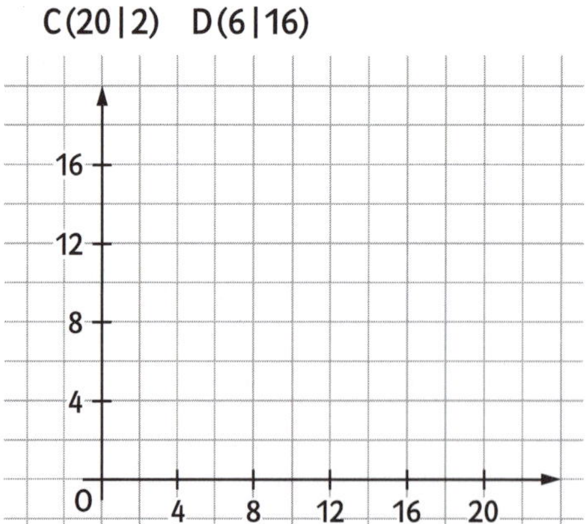

🙂 😐 🙁
Ich übe nochmal:
→ Seite 86 | Aufgabe 1

3 Betrachte die Schaubilder und beantworte die Fragen.

a) Wie viel soll man täglich trinken? ______

Wie oft soll man pro Woche Fleisch essen? ______

Wie oft soll man täglich Obst essen? ______

Wie oft soll man wöchentlich Sport treiben? ______

b) Welche durchschnittliche Temperatur hatte es im

Dezember? ______

Mai? ______

August? ______

☺ 😐 ☹ Ich übe nochmal: → Seite 86 | Aufgabe 2

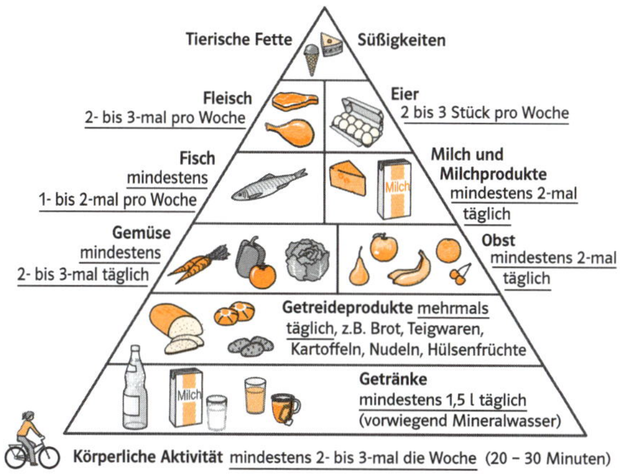

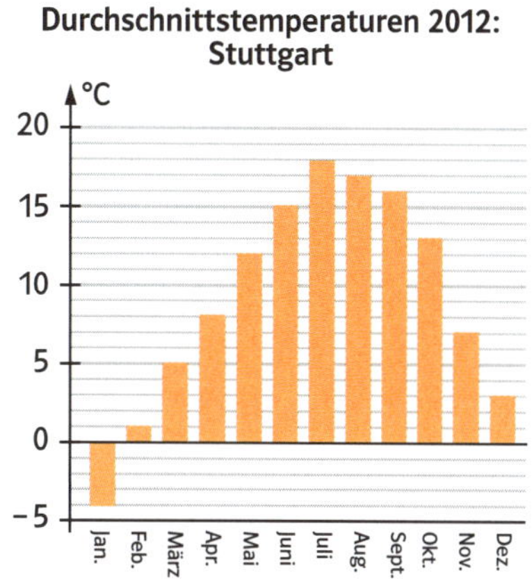

4 Finde die gemeinsamen Teiler des Zahlenpaares. Markiere den größten gemeinsamen Teiler.

	1. Zahl	2. Zahl	gemeinsame Teiler
a)	12	8	
b)	50	80	
c)	150	18	
d)	75	300	

Tipp
Auch durch 1 kann man teilen.

☺ 😐 ☹ Ich übe nochmal: → Seite 86 | Aufgabe 3

5 Multipliziere und dividiere möglichst im Kopf.

a) Das Vierfache von 0,49 €: ______

b) Das Zwanzigfache von 1,20 €: ______

c) Das Hundertfache von 0,39 €: ______

d) Das Doppelte von 2,5 m: ______

e) Ein Drittel von 3,60 €: ______

f) Die Hälfte von von 6,90 €: ______

g) Der achtzigste Teil von 480 m: ______

h) Der zwölfte Teil von 156 cm: ______

☺ 😐 ☹ Ich übe nochmal: → Seite 86 | Aufgabe 4

6 Berechne.

a) Vier Brötchen kosten 1,16 €.
Wie viel kosten 12 Brötchen?

b) Sechs Joghurts kosten 2,70 €.
Wie viel muss Noah für zwei Joghurts bezahlen?

☺ 😐 ☹ Ich übe nochmal: → Seite 86 | Aufgabe 4

1 Trage die Angaben der Wertetabelle in das Schaubild ein.

Anzahl	Preis in €
1	2
2	4
5	10
10	20
7	14
4	8
15	30
18	36
11	22

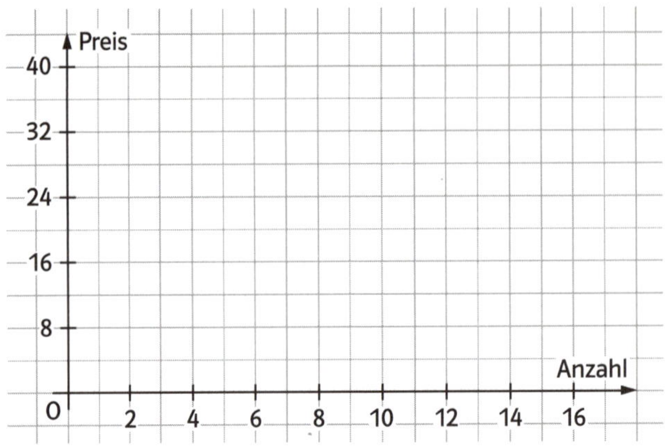

Tipp
Suche zunächst die richtige Stelle auf der Rechtsachse und gehe dann nach oben.

2 Vervollständige die Tabelle und trage die beiden fehlenden Säulen in das Schaubild ein.

Datum	Pegelstand in m
3. Juni	2,40
4. Juni	
5. Juni	2,60
6. Juni	
	2,60
8. Juni	2,50

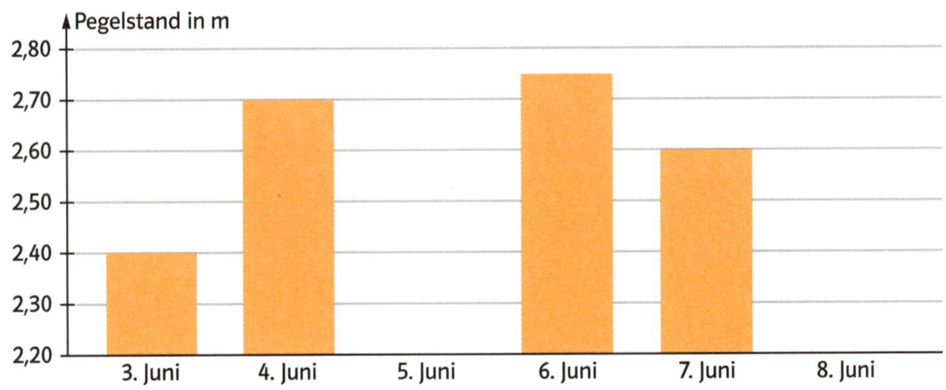

3 a) Welche der Aussagen passen zum Diagramm? Kreuze an.

☐ A – Nach 60 min wurden etwas mehr als 4 km zurückgelegt.

☐ B – Für 15 km wurden etwas mehr als 2 min benötigt.

☐ C – Nach 20 min wurde eine Pause eingelegt.

☐ D – Nach 45 min hatte man noch keine 3 km zurückgelegt.

☐ E – In den ersten 20 min wurde schneller gewandert, als zwischen der fünfzigsten und siebzigsten Minute.

Die Maiwanderung

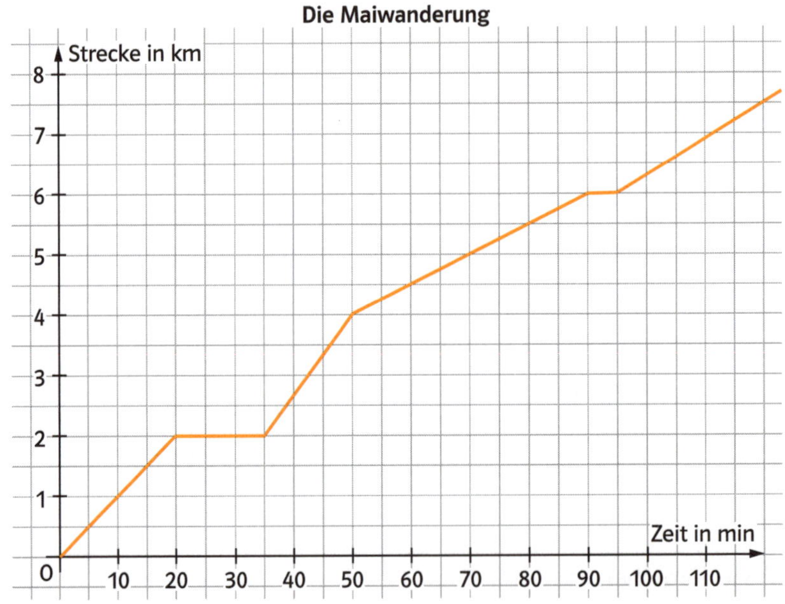

b) Formuliere selbst eine richtige und eine falsche Aussage zu dem Diagramm.

richtig: ______________________________

falsch: ______________________________

1 Vervollständige die Preistabelle.

a) Butter

Anzahl	Preis
1	1,50 €
2	
6	
18	
36	

·2 ·2

b) Brötchen

Anzahl	Preis
1	
5	1,25 €
10	
20	
4	

c) Kaffee

Anzahl	Preis
3	
30	40 €
10	
2	
200	

d) Wurst

Anzahl	Preis
5	
15	
10	16 €
300	
500	

2 Laura hat ein Rezept für zwölf Muffins. Sie möchte die Mengen auch für andere Anzahlen bestimmen. Dazu hat sie eine Tabelle angelegt. Vervollständige diese Tabelle.

Rezept für 12 Muffins

375 g Mehl
150 g Zucker
6 Eier
120 ml Speiseöl
90 ml Wasser

Anzahl Muffins	24	4	16	20
Mehl				
Zucker				
Eier				
Speiseöl				
Wasser				

3 a) Welche der vier Zuordnungen ist nicht proportional? Kreuze an.

b) Verändere diese Zuordnung so, dass sie proportional ist.

A ☐

Anzahl	Länge in cm
1	5
5	25
10	50
20	100
30	150

B ☐

Anzahl	Preis in €
1	0,29
2	0,58
4	1,06
8	2,00
16	3,50

C ☐

Anzahl	Gewicht in kg
5	1
100	20
1000	200
2000	400
5000	1000

D ☐

Anzahl	Länge
1	1 dm
10	1 m
100	10 m
1000	100 m
10 000	1 km

Tipp
„Proportional" bedeutet:

„Zur Hälfte gehört die Hälfte,

zum Doppelten gehört das Doppelte."

4 Herr Mayer hat für seine Imbiss-Bude eine Preistabelle angefertigt. Bei vier Preisen hat er sich verrechnet. Korrigiere diese Fehler und schreibe den richtigen Preis dahinter.

	1 Portion	2 Portionen	3 Portionen	4 Portionen
Pommes	1,50 €	3,00 €	4,50 €	6,00 €
Rote Wurst	2,30 €	4,60 €	6,80 €	9,20 €
Currywurst	2,40 €	4,80 €	7,20 €	9,60 €
Limonade	1,70 €	3,50 €	5,25 €	7,00 €
Schnitzel	3,20 €	6,40 €	9,60 €	12,40 €
Hacksteak	2,25 €	4,45 €	6,75 €	9,00 €

1 a) Die Tabelle zeigt, in welcher Zeit ein Swimming-Pool mit einer Wassertiefe von 1,50 m befüllt werden kann. Vervollständige die Tabelle.

Zeit (min)	5	10	15	20	25	30	35	40
Füllhöhe (cm)		30						

b) Trage die Werte jeweils in das Schaubild ein und verbinde die Punkte.

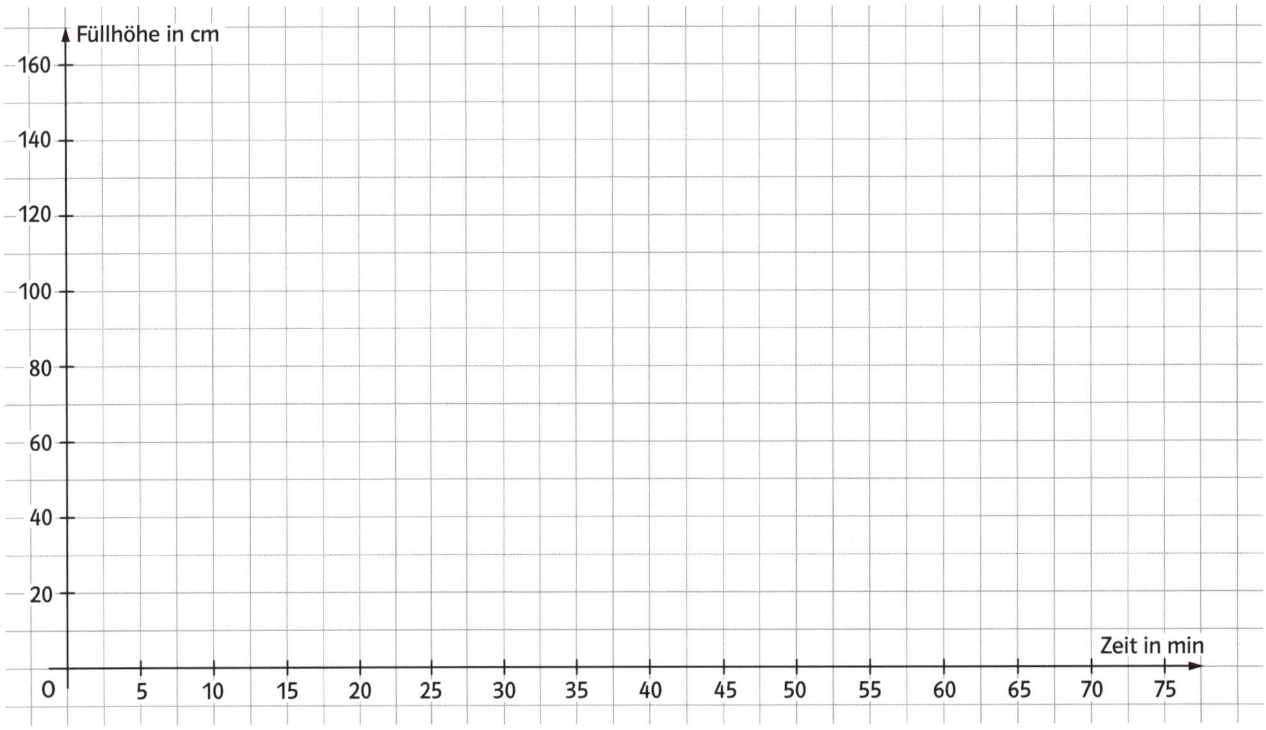

c) Ergänze das Schaubild bis 50 Minuten.

d) Lies aus dem Schaubild ab, wann der Pool vollständig gefüllt ist.

2 Im Schaubild ist der Kraftstoffverbrauch verschiedener Automodelle dargestellt.

a) Welches Auto hat den geringsten Verbrauch?

b) Welches Auto hat den höchsten Verbrauch?

c) Wie viel Liter Kraftstoff verbraucht Modell C ungefähr pro 250 km?

d) Ein Lkw benötigt 25 l Kraftstoff pro 100 km. Trage den Graphen für den Verbrauch in das Quadratgitter ein.

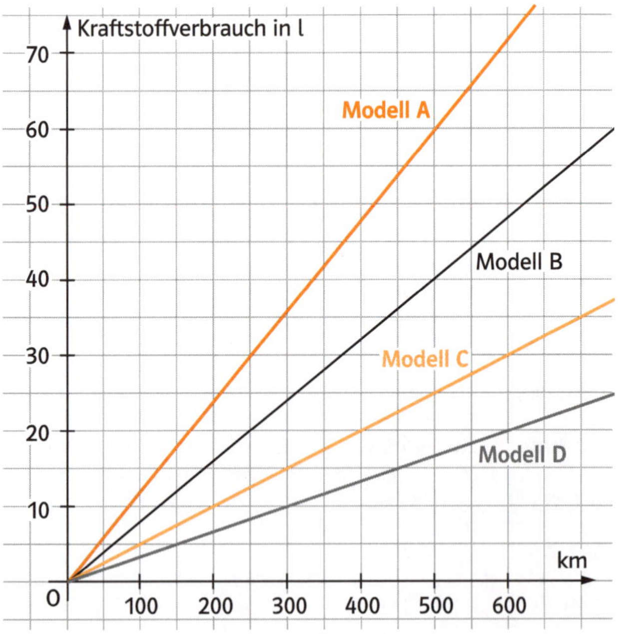

1 Berechne im Kopf den Preis von einem Stück.

a)

Fünf Kiwis kosten 1,25 €.
Eine Kiwi kostet

_______ €.

b)

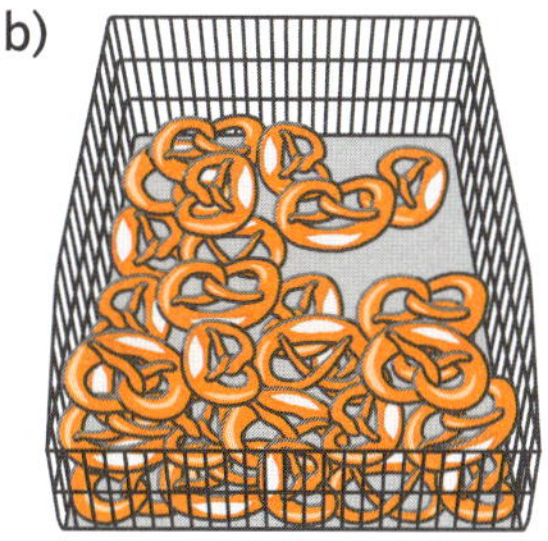

Acht Brezeln kosten 5,20 €.
Zwei Brezeln kosten

_______ €.

c)

20 Tafeln Schokolade kosten 16,80 €.
Fünf Tafeln Schokolade

kosten _______ €.

d)

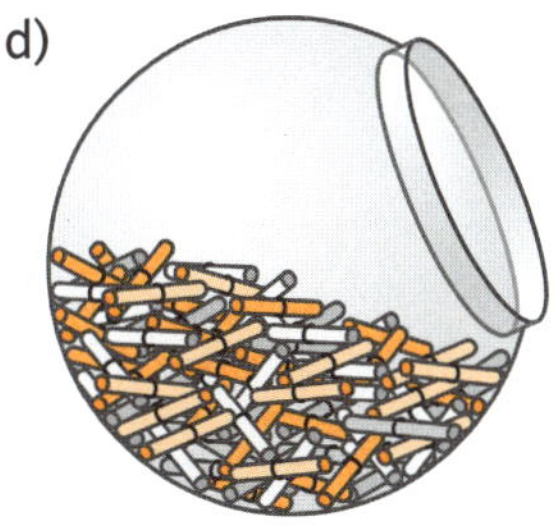

200 Lose kosten 140 €.
Ein Los kostet

_______ €.

2 Fülle die Lücken aus.

	Anzahl	Preis in €	
:3	3	0,90	___
___	1		·10
	10		

	Anzahl	Preis in €	
___	7	4,90	___
___	1		·14
	10		

	Anzahl	Preis in €	
:40	40	84	___
___	1		·5
	5		

Tipp
Manchmal ist es praktisch, in der zweiten Zeile nicht auf die Einheit 1 zu gehen.

3 Fülle die Lücken in den Dreisätzen aus. Welcher Wert ist für die zweite Zeile praktisch?

	Stück	Preis in €	
:5	50	30	___
___	10		___
	70		

	Stück	Preis in €	
:4	12	36	___
___			___
	15		

	Stück	Preis in €	
___	150	75	___
___			___
	225		

4 Löse mit dem Dreisatz.

a) Frau Schmid kauft drei T-Shirts für zusammen 20,97 €. Hätten 35 € gereicht, um fünf zu kaufen?

____

___			___
___			___

b) Für den Download von acht Liedern muss Till 4,80 € bezahlen. Wie viel würde der Download von zwölf Liedern zum selben Stückpreis kosten?

____

___			___
___			___

c) Eine Fabrik hat sechs Maschinen, die täglich zusammen 79 200 Schrauben herstellen können. Der Fabrikant behauptet, dass er täglich über 100 000 Schrauben herstellen kann, wenn er zwei weitere Maschinen kauft.

Stimmt das? ☐ ja / ☐ nein

___			___
___			___

Das habe ich gelernt.

1 a) Unten siehst du Tabellen und Schaubilder.
Kreuze an, bei welchen eine proportionale Zuordnung vorliegt.

A ☐

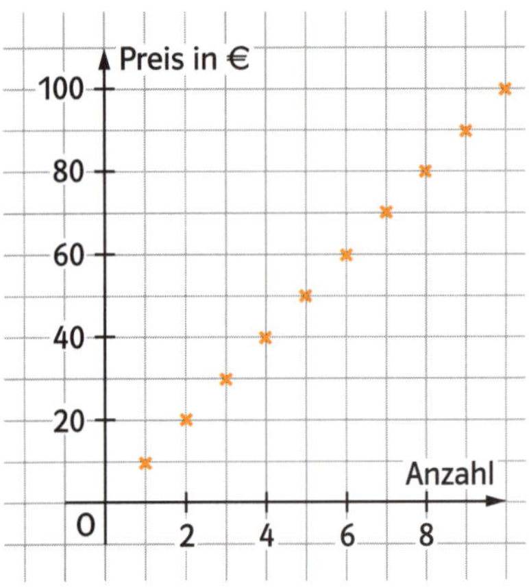

B ☐

Anzahl	Meter
3	18
10	60
50	300

C ☐

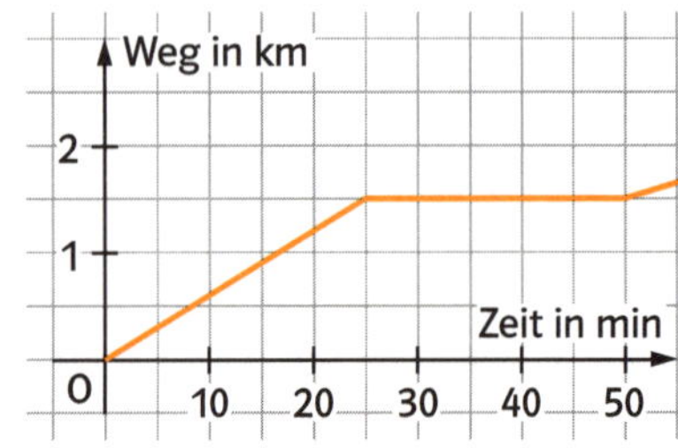

D ☐

Anzahl	1	2	3	4
Preis	2,50 €	5 €	7,50 €	10 €

E ☐

Anzahl Karten Achterbahn	1	2	3	5
Gesamtpreis	5 €	10 €	15 €	20 €

F ☐

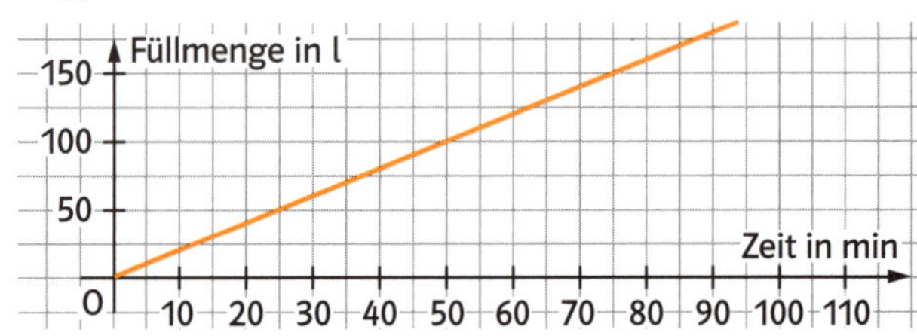

b) Was bedeutet in Schaubild C der waagerechte Abschnitt?

____

____

____

2 Welche Aussagen stimmen? Kreuze an.

	richtig	falsch
a) Bei einer proportionalen Zuordnung ist der Quotient der beiden Werte immer gleich.	☐	☐
b) Je mehr gleiche Maschinen produzieren, desto mehr Werkstücke gibt es. Diese Zuordnung verhält sich proportional.	☐	☐
c) Das Schaubild einer proportionalen Zuordnung im Quadratgitter geht immer durch den Punkt (0 | 0)	☐	☐
d) Folgender Zusammenhang ist eine proportionale Zuordnung: Je mehr Arbeiter an einem Auftrag arbeiten, desto länger dauert die Arbeit.	☐	☐

3 a) Fülle die Tabelle aus.

Stück	Preis in €
3	1,35
10	

b) Formuliere eine Aufgabe zu den Zahlen.

____

____

____

____

Wo stehe ich?

Ich kann …	So schätze ich mich selbst ein:	Meine Testergebnisse:
1 Strichlisten erstellen und auswerten (in Häufigkeitslisten umwandeln).	☺ 😐 ☹	☺ 😐 ☹
2 einfache Diagramme zeichnen.	☺ 😐 ☹	☺ 😐 ☹
3 Werte aus einfachen Diagrammen ablesen.	☺ 😐 ☹	☺ 😐 ☹
4 Zahlen der Größe nach ordnen.	☺ 😐 ☹	☺ 😐 ☹
5 mit Dezimalbrüchen rechnen.	☺ 😐 ☹	☺ 😐 ☹

Test zur Überprüfung deiner Selbsteinschätzung

1 Erfasse die Anzahl der verschiedenen Buchstaben im folgenden Satz mit einer Strichliste.

☺ 😐 ☹
Ich übe nochmal:
→ Seite 87 | Aufgabe 1

MILCH MACHT MÜDE MÄNNER MUNTER

M: ____ A: ____ Ä: ____
I: ____ T: ____ N: ____
L: ____ Ü: ____ R: ____
C: ____ D: ____ U: ____
H: ____ E: ____

Notiere die Anzahl der Buchstaben in einer Häufigkeitsliste.

A	C	D	E	H	I	L	M	N	R	T	U	Ä	Ü

2 Das Ergebnis einer Umfrage zu „Was ist dein Lieblingsessen?" ist in einer Tabelle dargestellt.

☺ 😐 ☹
Ich übe nochmal:
→ Seite 87 | Aufgabe 2

a) Wie viele Personen haben an der Umfrage teilgenommen? ____

Lieblingsessen	Anzahl
Pizza	7
Spaghetti	8
Pommes frites	5
Hamburger	6
anderes	3

b) Zeichne ein Balkendiagramm.

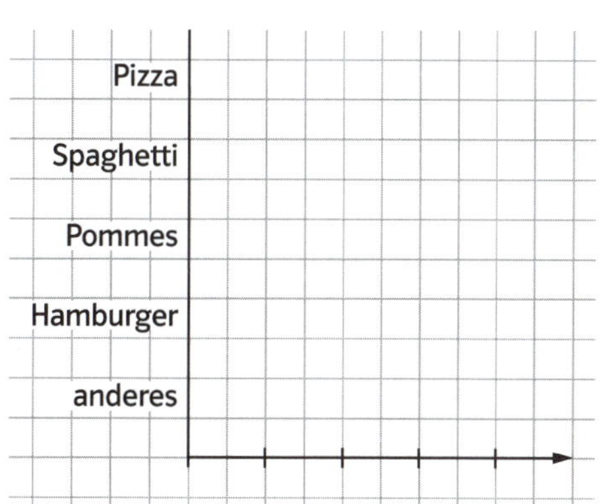

3 Michelle hat eine Woche lang jeden Tag um 14 Uhr die Temperatur gemessen. Sie hat die gemessenen Temperaturen in ein Diagramm eingetragen.

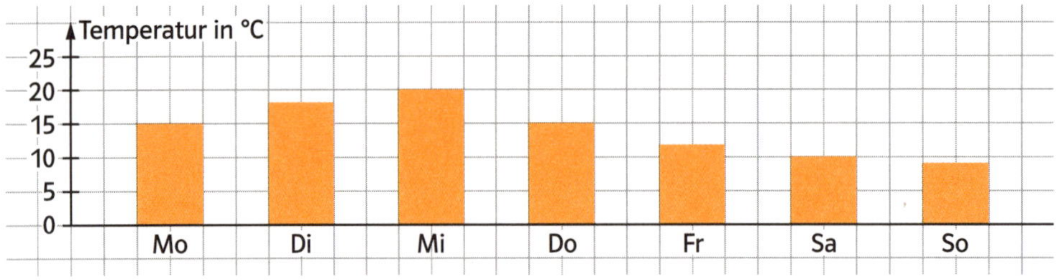

a) Welche Temperatur hat sie am Freitag gemessen? ______

b) Wann hat Michelle eine Temperatur von 15° gemessen? ______

c) An welchem Wochentag war die Temperatur am höchsten? ______

Ich übe nochmal:
→ Seite 87 | Aufgabe 3

4 Ordne die Zahlen nach ihrer Größe.

a) Beginne mit der kleinsten Zahl.

2,5 | 2 | 5,2 | 25 | 5,19 | 0,249 | 2,51

___ < ___ < ___ < ___ < ___ < ___ < ___

b) Beginne mit der größten Zahl.

0,2 | $\frac{1}{2}$ | 0,3 | $\frac{2}{5}$ | 0,29 | $\frac{1}{4}$ | 0,21

___ > ___ > ___ > ___ > ___ > ___ > ___

Ich übe nochmal:
→ Seite 87 | Aufgabe 4

5 Berechne.

a) 0,0789 + 0,789 + 7,89

b) 123,45 : 3

c) (3,5 + 6,3) : 2

d) (1,2 + 2,3 + 3,4 + 4,5 + 5,6) : 5

e) Welche Zahl liegt genau zwischen 2,8 und 5,2?

f) Lara hat in den vier Klassenarbeiten in Mathe folgende Noten geschrieben: 2; 3; 2 und 4.
Wie ist ihr Notendurchschnitt?

Ich übe nochmal:
→ Seite 87 | Aufgabe 5

1 Klassensprecher Marcel fragt in seiner Klasse die Aktivitäten für den Wintersporttag ab.

a) Ergänze die Tabelle.

Aktivität	Strichliste	Anzahl
Skifahren	𝍸 I	
Snowboard	𝍸 III	
Eislaufen	𝍸 𝍸 III	

Lift- und Eintrittskosten

Ski	23,00 €
Snowboard	23,00 €
Eislaufen	5,00 €

b) Marcel soll das Geld für Lift- und Eintrittskosten einsammeln. Berechne den Gesamtbetrag.

2 Die Umfrage „Wie viele SMS verschickst du in einer Woche?" ergab in der Klasse 6c folgende Ergebnisse:

12; 8; 7; 9; 23; 34; 22; 23; 48; 41; 11; 10; 0; 7; 35; 23; 40; 9; 28; 40; 13; 24; 17; 6; 30.

a) Erfasse die Daten zunächst als Strichliste, dann als Häufigkeitsliste.

Anzahl SMS	0 – 10	11 – 20	21 – 30	31 – 40	41 – 50
Strichliste					
Häufigkeitsliste					

Info
Eine ungeordnete Liste von Daten nennt man **Urliste.**
Wenn man die Werte der Größe nach ordnet, wird daraus eine **Rangliste.**

b) Prüfe folgende Aussagen. Kreuze an, ob sie richtig oder falsch sind.

Aussage	richtig	falsch
A – Mehr als 50 % verschicken weniger als 21 SMS.	☐	☐
B – Weniger als die Hälfte schicken mehr als 20 SMS in der Woche.	☐	☐
C – Ein Fünftel der Schüler schickt mehr als 30 SMS pro Woche.	☐	☐
D – Die meisten schicken zwischen 21 und 30 SMS.	☐	☐
E – Die Klasse verschickt insgesamt mehr als 400 SMS in der Woche.	☐	☐

3 Bei den Bundesjugendspielen wurden für die Klasse 6a im Ballweitwurf folgende Weiten (in Metern) gemessen:

Jungen:
32; 42; 23; 19; 22; 20; 22;
15; 30; 27; 41; 34; 21; 29

Mädchen:
23; 22; 17; 20; 18; 23; 14;
25; 40; 12; 19; 18

a) Erstelle für Jungen und Mädchen jeweils eine eigene Rangliste.

Jungen: ______________________

Mädchen: ______________________

b) Schreibe eine Rangliste für die ganze Klasse. Schreibe Mädchen und Jungen in verschiedenen Farben.

1 Nana hat in ihrer Klasse nach dem Lieblingstier gefragt. Sie erhielt folgendes Ergebnis:

a) Ordne die Tiere nach der Anzahl der Nennungen.

Pferd	8	1.	______
Vogel	4	2.	______
Hund	12	3.	______
Eisbär	10	4.	Pferd
Katze	9	5.	______
andere Tiere	2	6.	______

b) Erstelle ein Balkendiagramm.

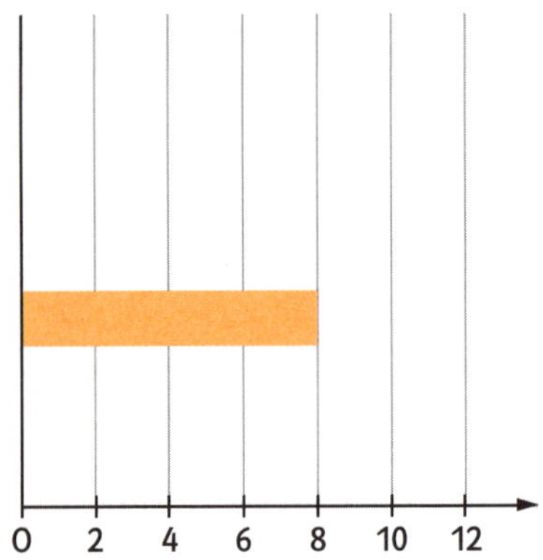

Tipp
Selten vorkommende Ergebnisse kann man unter „sonstige" oder „andere" zusammenfassen.

2 Lara und Manuel zählen auf der Fahrt in den Urlaub Fahrzeuge und schreiben deren Farben auf. Nach 100 Fahrzeugen haben sie folgendes Ergebnis:

Weiß: 16 Schwarz: 44 Blau: 14 Grau: 9 andere Farben: 17

a) Veranschauliche die Ergebnisse mit einem Säulendiagramm und einem Streifendiagramm.

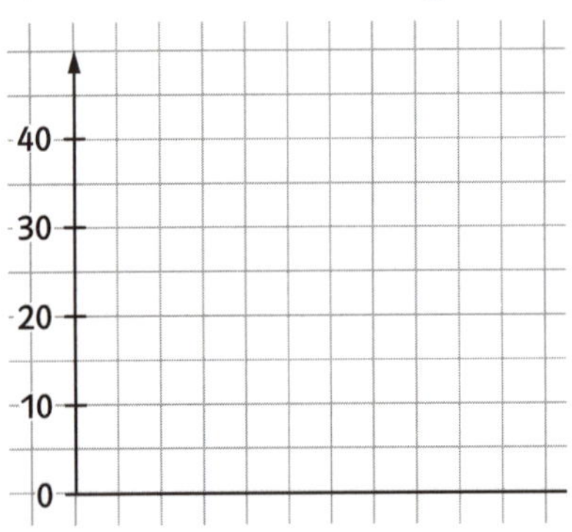

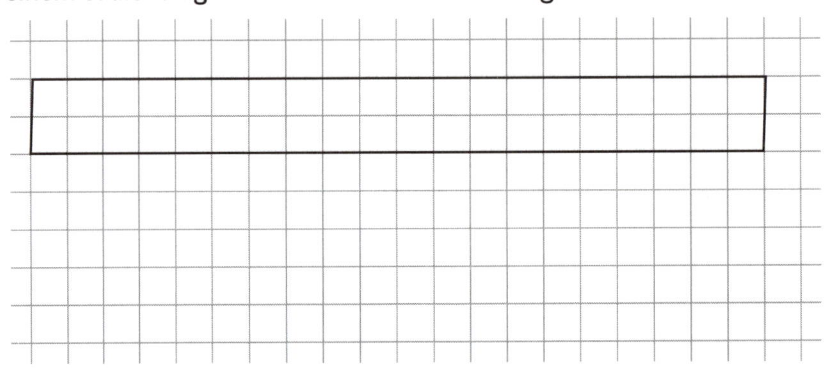

Was kannst du schnell aus den beiden Diagrammen ablesen?

Säulendiagramm: ______________________________

____

Streifendiagramm: ______________________________

____

b) Lara möchte die Anteile der Farben in einem Kreisdiagramm darstellen. Sie überlegt, die Farben von weiteren 80 oder 100 Fahrzeugen zu notieren.

Welche Anzahl ist am sinnvollsten? __________ Begründe deine Antwort.

____

____

3 Im Kreisdiagramm soll das Ergebnis der Klassensprecherwahl dargestellt werden.

a) Wie viele Schülerinnen und Schüler hat die Klasse? __________

b) Der Mittelpunktswinkel des Ausschnitts von Max misst 60°.

Wie viele Stimmen hat er bekommen? __________

c) Selina bekam neun Stimmen. Wie groß ist der Winkel? __________

d) Vervollständige das Kreisdiagramm.

e) Wer wurde Klassensprecher? __________

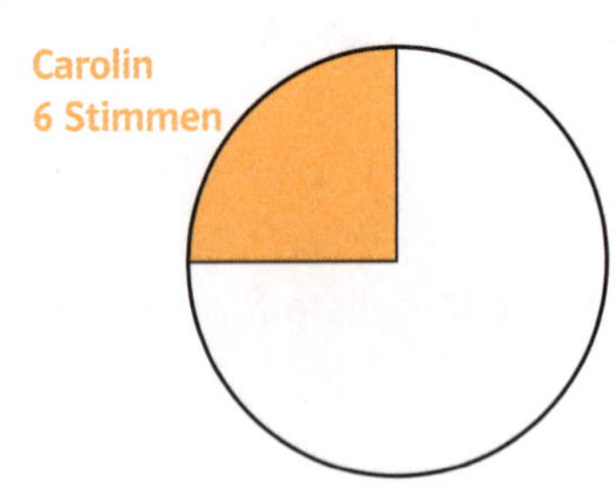

1 Bestimme das Minimum, das Maximum, die Spannweite und den Mittelwert der Liste.

> **Info**
> Um Daten auszuwerten, kann man Kennwerte berechnen, zum Beispiel Minimum, Maximum, Spannweite oder Mittelwert.

a) 1; 3; 6; 10; 15; 21; 28; 36; 45; 55

Minimum = ____ ; Maximum = ____ ; Spannweite = ____ ; Mittelwert = ____

b) 9; 25; 4; 81; 36; 16; 64; 1; 49; 100

Minimum = ____ ; Maximum = ____ ; Spannweite = ____ ; Mittelwert = ____

c) 10; 10; 5; 25; 5; 1; 1; 1; 5; 100

Minimum = ____ ; Maximum = ____ ; Spannweite = ____ ; Mittelwert = ____

2 Anna hat zwei Wochen lang jeden Tag um 12 Uhr die Außentemperatur in °C gemessen.

	Mo	Di	Mi	Do	Fr	Sa	So
1. Woche	14	16	18	19	19	25	22
2. Woche	23	22	16	17	16	13	12

a) Berechne den Mittelwert für die 1. Woche: ____________ und für die 2. Woche: ____________ .

Berechne den Mittelwert für beide Wochen.

Mittelwert : ____________

Berechne den Mittelwert aus den beiden Mittelwerten.

____

> **Info**
> Die Berechnung aus zwei Mittelwerten klappt nur, wenn gleich viele Zahlen zugrunde liegen.

b) Ergänze die Sätze.

Die niedrigste Temperatur wurde mit ________ °C am ____________ in der ____ Woche gemessen.

Die höchste Temperatur wurde mit ________ °C am ____________ in der ____________ .

Der Unterschied zwischen der höchsten und der niedrigsten Temperatur beträgt ________ °C.

Man nennt diese Differenz auch ____________ .

3 Beim letzten Englisch-Test erzielten die zwei Gruppen folgende Punktzahlen:

Gruppe A: 12; 14; 11; 9; 20; 7; 6; 15; 9; 9; 15; 5

Gruppe B: 7; 16; 15; 13; 11; 10; 9; 8; 13; 13; 17; 12

a) Erstelle die Ranglisten.

Rangliste für Gruppe A: ____________

Rangliste für Gruppe B: ____________

b) Berechne die Mittelwerte von A und B.

Mittelwert A: ______ ; Mittelwert B: ______

c) Wie ändern sich die Mittelwerte der beiden Gruppen, wenn noch je zwei Schüler dazu kommen?
In Gruppe A haben sie beide 4 Punkte, in Gruppe B einmal 10 und einmal 14 Punkte erreicht.

neuer Mittelwert von A: ______ ; neuer Mittelwert von B: ______

Das habe ich gelernt.

1 In zwei 6. Klassen wurde eine Umfrage zur Lieblingssportart gemacht. Sie brachte folgende Ergebnisse:

Sportart	Jungen	Mädchen
Fußball	12	–
Handball	5	3
Tennis	3	1
Schwimmen	2	4
Reiten	–	5
Leichtathletik	4	2
Turnen	1	6

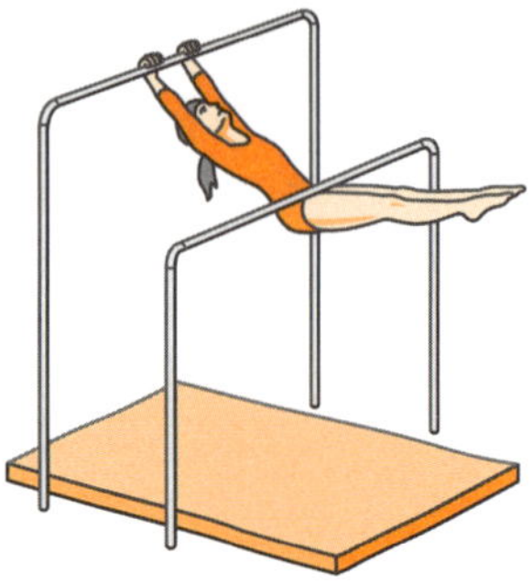

Erstelle eine Rangliste der Sportarten getrennt nach Jungen und Mädchen.

Jungen: ____________________

Mädchen: ____________________

2 a) Du siehst hier vier verschiedene Diagrammtypen. Benenne sie.

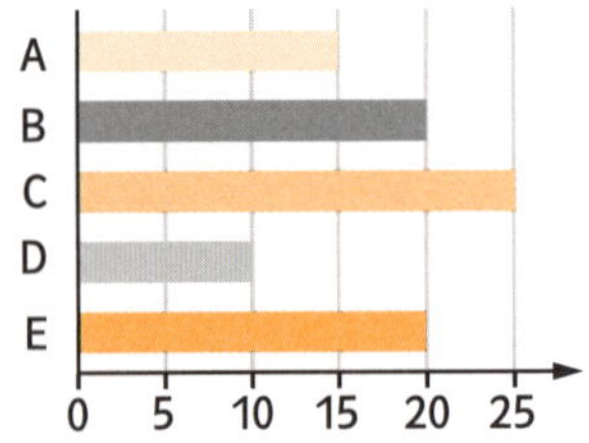

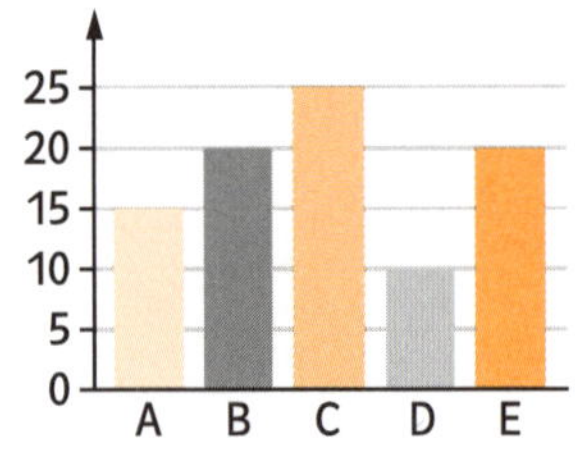

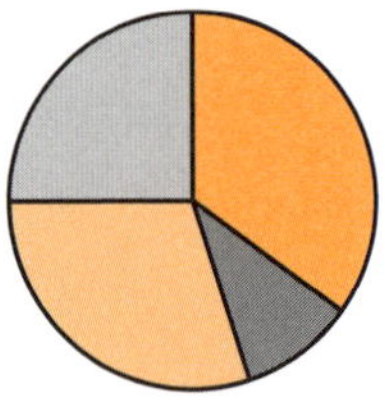

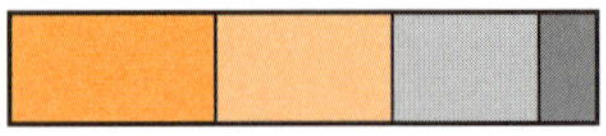

____________ ____________ ____________ ____________

b) Die verschiedenen Diagramme werden unterschiedlich verwendet. Ergänze.

Zum Darstellen und Ablesen von Anteilen eignen sich ____________ und ____________.

Zum Darstellen und Ablesen von Häufigkeiten eignen sich ____________ und ____________.

3 Entscheide, ob die Aussage richtig oder falsch ist. Kreuze an.

	richtig	falsch
a) Wenn man den ersten und den letzten Wert einer Rangliste addiert und durch 2 dividiert, erhält man den Mittelwert.	☐	☐
b) Sind die Werte einer Liste nach der Größe geordnet, spricht man von einer Rangliste.	☐	☐
c) Wenn man das Maximum kennt, kann man auch die Spannweite berechnen.	☐	☐
d) Zum Veranschaulichen von Daten kann man Diagramme verwenden.	☐	☐

Verbessere die falschen Sätze.

____

____

____

1 a) Zeichne die Strecke $\overline{AB}$ und miss die Länge.

Die Länge beträgt ________ cm.

b) Zeichne eine Gerade g durch die Punkte A und C.

c) Miss den Abstand des Punktes B von der Geraden g.

Der Abstand beträgt ________ cm.

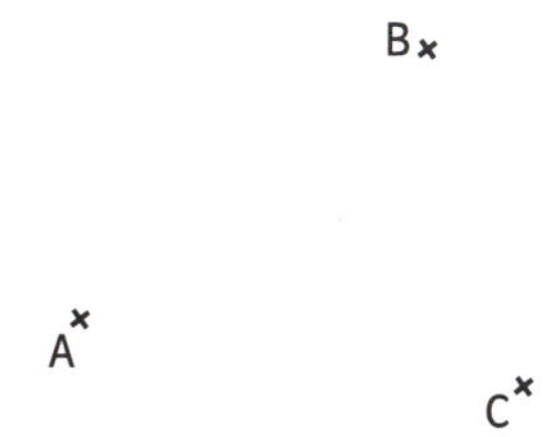

2 Die Punkte A(3 | 2); B(11 | 2); C(11 | 10) und D(3 | 10) sind die Eckpunkte eines Vierecks.

a) Trage die Punkte in das Quadratgitter ein und verbinde sie.

b) Wie heißt das Viereck?

____

c) Zeichne die Diagonalen in das Viereck ein, kennzeichne den Schnittpunkt mit M und beschrifte ihn.

Der Schnittpunkt ist M(_____ | _____).

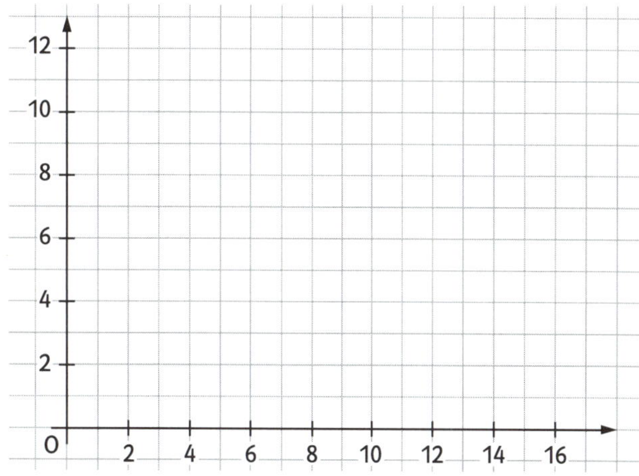

3 Die Gerade c schneidet die beiden parallelen Geraden a und b.

a) Wie viele Schnittpunkte haben die drei Geraden insgesamt?

Die Geraden haben insgesamt ______ Schnittpunkte.

b) Zeichne eine Gerade d so, dass insgesamt drei Schnittpunkte entstehen.

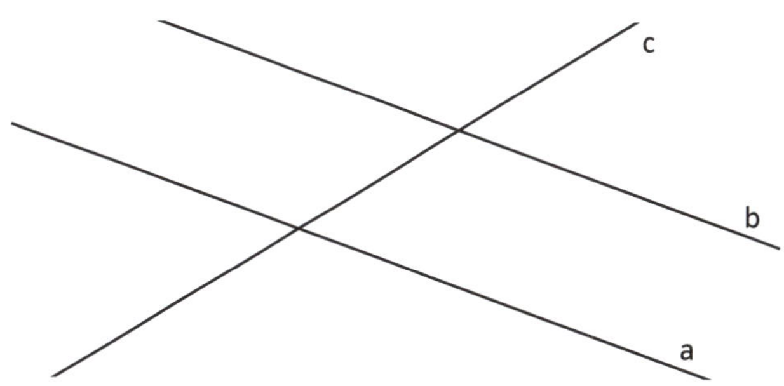

4 Falte ein Blatt Papier so, dass vier gleich große Felder entstehen.

a) Zeichne die Faltlinien in das Rechteck ein.

b) Falte das Blatt Papier erneut, sodass acht gleich große Felder entstehen. Zeichne.

5 Setze das Muster fort.

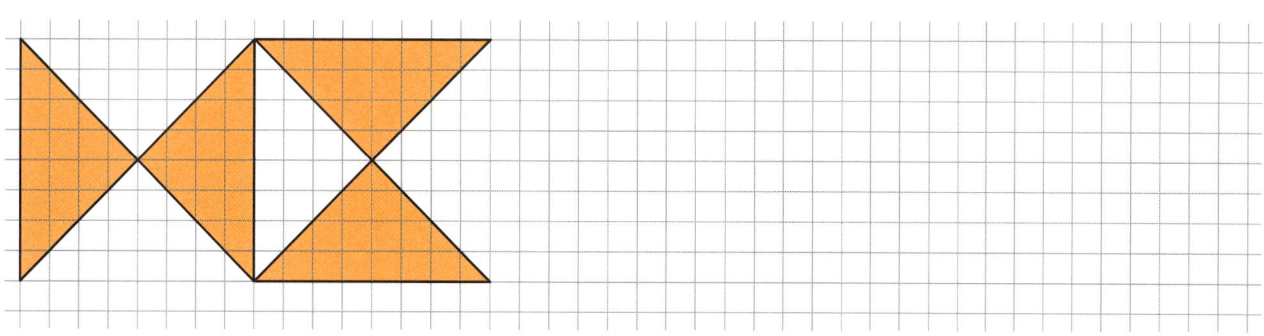

1 Wiederhole täglich das kleine Einmaleins. Das ist die wichtigste Grundlage fürs Kopfrechnen.

Rechne im Kopf. Wenn du mit zweistelligen Zahlen multiplizierst, zerlege sie in die Zehnerzahl und die Einerzahl.

a) $5 \cdot 9 =$ ______ b) $7 \cdot 8 =$ ______ c) $9 \cdot 9 =$ ______

d) $6 \cdot 11 =$ ______ e) $8 \cdot 13 =$ ______ f) $9 \cdot 22 =$ ______

g) $4 \cdot 30 =$ ______ h) $6 \cdot 51 =$ ______ i) $10 \cdot 24 =$ ______

j) $36 : 9 =$ ______ k) $64 : 8 =$ ______ l) $260 : 10 =$ ______

Info
Zerlegung in Einerzahl und Zehnerzahl:

$7 \cdot 16$
$= 7 \cdot (10 + 6)$
$= 7 \cdot 10 + 7 \cdot 6$
$= 70 + 42$
$= 112$

2 Du erkennst die geraden Zahlen und die 5er-Zahlen an der letzten Stelle, also an den Einern. Unterstreiche die geraden Zahlen und streiche die 5er-Zahlen durch.

a) 35; 36; 73; 74; 80; 44; 100; 111; 5000; 5001; 20 203 040 506

b) 33; 44; 55; 101; 150; 155; 160; 123; 124; 125; 24 920 251

3 Finde alle Brüche mit dem Zähler 2 und die Brüche mit dem Nenner 5.

$\frac{2}{3}$ $\frac{4}{5}$ $\frac{6}{7}$ $\frac{1}{11}$ $\frac{2}{12}$ $\frac{3}{13}$ $\frac{5}{15}$ $\frac{5}{2}$ $\frac{2}{5}$

Zähler 2: ______ Nenner 5: ______

4 Benenne den orangen Teil des zeichnerisch dargestellten Bruchs.

a) 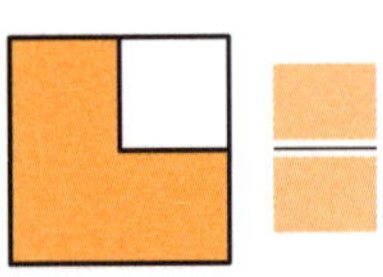

b) 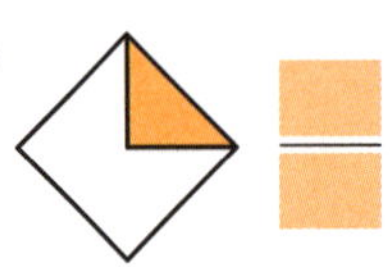

c) 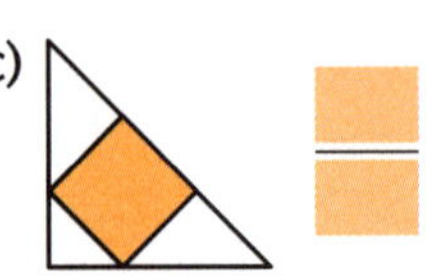

5 Zeichne den Bruch in die vorgegebene Form.

a) 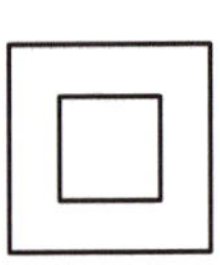 $\frac{1}{2}$

b) 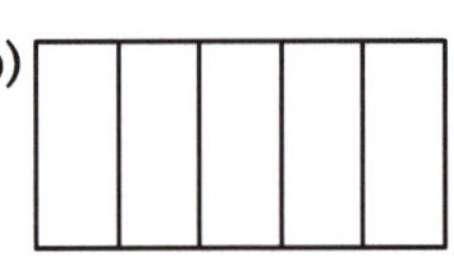 $\frac{2}{5}$

c) 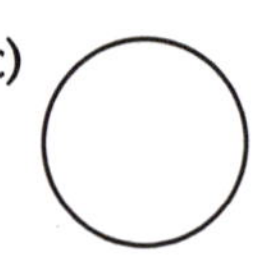 $\frac{3}{8}$

6 a) Markiere die Zahlen 10; 5; 25; 40; 45 auf den beiden Zahlenstrahlen.

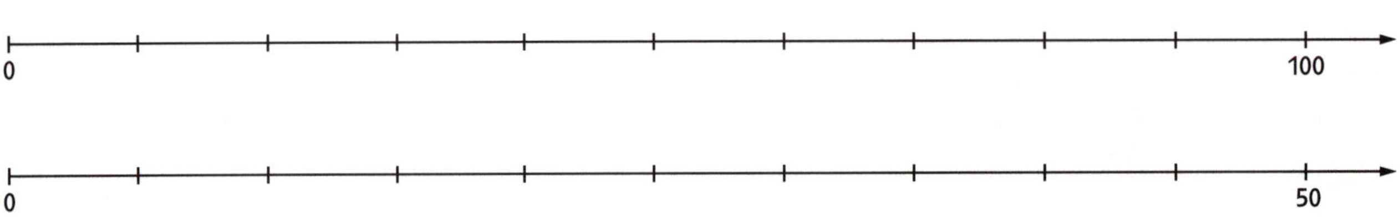

b) Benenne die markierten Zahlen.

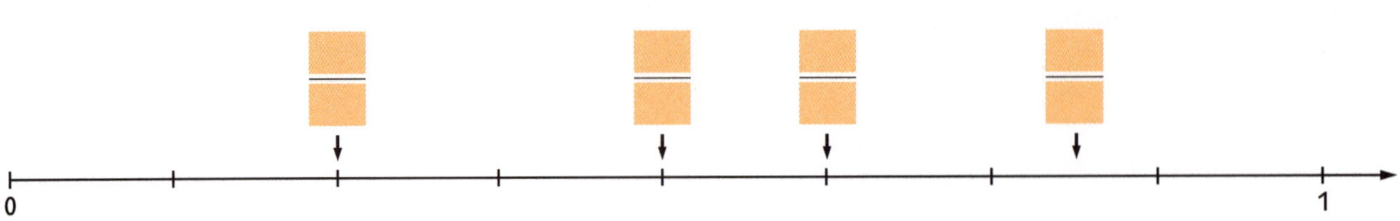

1 Welcher Bruchteil ist hier eingefärbt?

a)

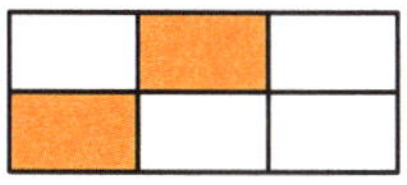

$\frac{\square}{\square}$

b)

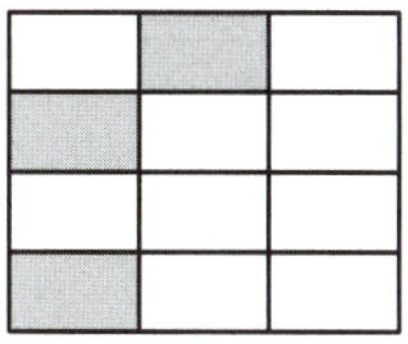

$\frac{\square}{\square}$

c)

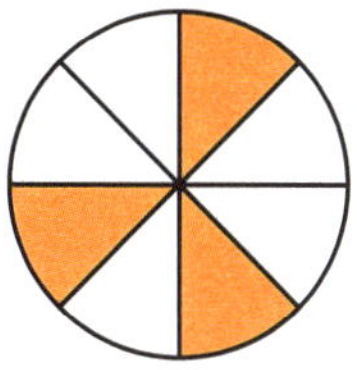

$\frac{\square}{\square}$

d)

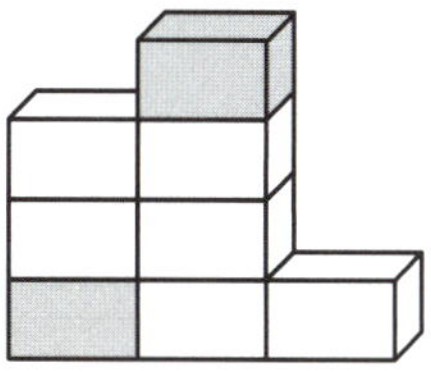

$\frac{\square}{\square}$

e)

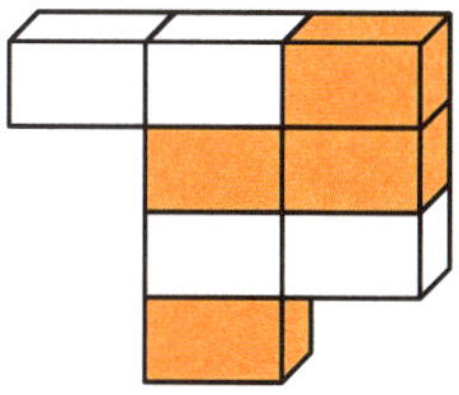

$\frac{\square}{\square}$

2 Stelle den Bruch in dem Rechteck dar und gib ihn in Dezimalschreibweise an.

a) $\frac{2}{5}$ = 0,4 ______ b) $\frac{6}{8}$ = ______ c) $\frac{3}{10}$ = ______ d) $\frac{3}{12}$ = ______

3 Vervollständige die Tabelle.

	a)	b)	c)	d)	e)	f)	g)
als Bruch geschrieben	$\frac{3}{2}$		$\frac{5}{2}$	$\frac{7}{3}$		$\frac{23}{3}$	
als gemischte Zahl geschrieben	$1\frac{1}{2}$	$2\frac{1}{4}$			$3\frac{1}{3}$		$10\frac{1}{10}$

4 Markiere die Brüche am Zahlenstrahl.

$\frac{4}{5}$ $\frac{1}{10}$ $\frac{1}{2}$ $\frac{11}{10}$

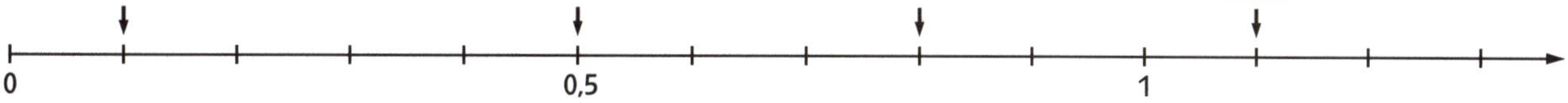

5 Trage in den Platzhalter die richtige Zahl ein. Es wird erweitert oder gekürzt.

a) $\frac{8}{10} = \frac{\square}{5}$ b) $\frac{3}{7} = \frac{\square}{28}$ c) $\frac{3}{5} = \frac{12}{\square}$ d) $\frac{15}{18} = \frac{5}{\square}$ e) $\frac{10}{16} = \frac{\square}{\square}$ f) $\frac{\square}{\square} = \frac{6}{10}$

6 Ordne die Brüche der Größe nach.

a) $\frac{1}{2}$; $\frac{1}{3}$; $\frac{3}{2}$; $\frac{2}{3}$; $\frac{3}{3}$ ______ < ______ < ______ < ______ < ______

b) $\frac{4}{5}$; $\frac{3}{8}$; $\frac{5}{9}$; $\frac{1}{9}$; $\frac{12}{11}$ ______ < ______ < ______ < ______ < ______

1 Übertrage die Zahl in die Stellenwerttafel.

	M	HT	ZT	T	H	Z	E
a) 864							
b) 23 456							
c) 111 213							
d) 97 531							
e) 2 040 608							
f) 9 988 776							

2 a) Welche Zahlen sind durch die Pfeile markiert?

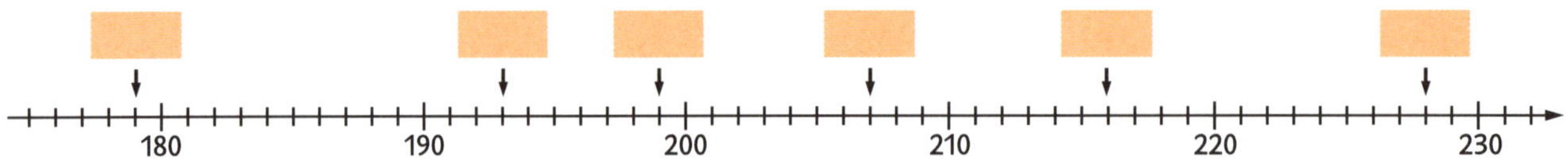

b) Markiere die Zahlen 970; 1045; 1065; 995; 1015 und 935 auf dem Zahlenstrahl.

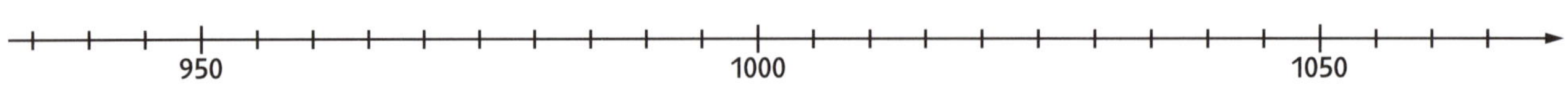

3 Ordne die Zahlen nach ihrer Größe. Beginne mit der größten Zahl.

45 545 54 545 44 544 55 455 45 454 54 554

______ > ______ > ______ > ______ > ______ > ______

4 Schreibe in der kleineren Einheit.

a) 0,75 m = ______ cm b) 1,8 km = ______ m c) 2,5 dm = ______ cm d) 4,5 cm = ______ mm

5 Runde auf die ganze Einheit.

a) 2,96 € = ______ € b) 1,4 kg = ______ kg c) 9,52 m = ______ m d) 3,47 t = ______ t

6 Erweitere bzw. kürze den Bruch. Fülle die Lücke aus.

a) $\frac{1}{2} = \frac{\square}{8}$ b) $\frac{5}{6} = \frac{\square}{36}$ c) $\frac{3}{7} = \frac{\square}{28}$ d) $\frac{15}{35} = \frac{\square}{7}$ e) $\frac{21}{49} = \frac{3}{\square}$ f) $\frac{36}{48} = \frac{3}{\square}$

7 Wandle in die Kommaschreibweise um.

a) $\frac{1}{4}$ m = ______ m b) $\frac{1}{2}$ kg = ______ kg c) $\frac{2}{5}$ km = ______ km d) $\frac{3}{4}$ t = ______ t

8 Wandle in die angegebene Einheit um.

a) 0,92 € = ______ ct b) 308 ct = ______ € c) 1750 g = ______ kg d) 0,25 kg = ______ g

1 Addiere oder subtrahiere.

a) 357 + 531   b) 12 345 + 9876   c) 9999 − 7531   d) 24 578 − 17 091 − 5412

2 Multipliziere oder dividiere.

a) 7 8 · 3 4   b) 7 6 5 · 9 8   c) 7 8 8 4 : 9   d) 1 4 5 9 5 : 1 5

3 Vertausche die Zahlen so, dass du vorteilhaft rechnen kannst.

a) 47 + 66 + 53 + 34   b) 89 − 62 + 31 − 28   c) 137 + 65 − 37 − 76 + 35 − 24

4 Berechne.

a) 12 − 63 : 7   b) 51 − 12 · 4 + 11   c) 13 · (77 − 68)   d) 99 : (44 − (77 − 66))

5 Berechne.

a) 12 · 10 = ____   b) 27 · 100 = ____   c) 369 · 1000 = ____   d) 9 · 10 000 = ____

e) 200 : 10 = ____   f) 3000 : 100 = ____   g) 40 000 : 1000 = ____   h) 500 000 : 100 = ____

6 Berechne. Gib das Ergebnis, wenn möglich, in gekürzter Form an.

a) $\frac{3}{7} + \frac{2}{7} = \frac{\square}{\square}$ b) $\frac{13}{15} - \frac{8}{15} = \frac{\square}{\square} = \frac{\square}{\square}$ c) $\frac{8}{21} \cdot \frac{7}{24} = \frac{\square}{\square} = \frac{\square}{\square}$ d) $\frac{3}{10} : \frac{6}{5} = \frac{\square}{\square} = \frac{\square}{\square}$

7 Ergänze.

Multipliziert man zwei Zahlen (Faktoren), so nennt man den Rechenausdruck ____________ .

1 a) Drei Abbildungen sind Würfelnetze. Kreuze an.

b) Färbe bei den Würfelnetzen gegenüberliegende Flächen mit der gleichen Farbe.

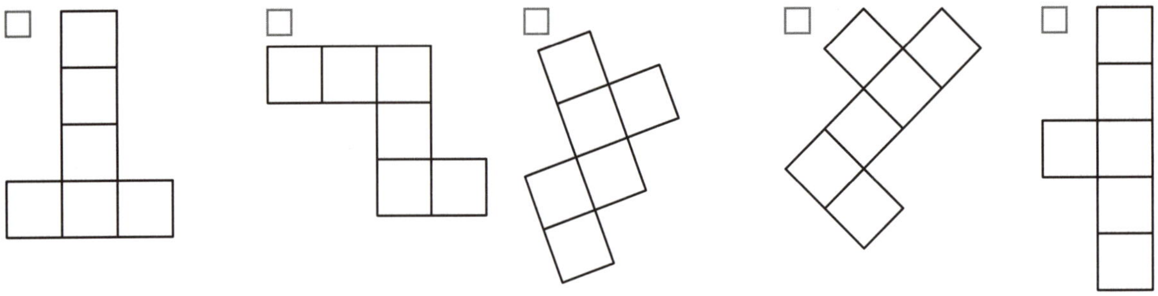

2 a) Drei Abbildungen sind Quadernetze. Kreuze an.

b) Färbe bei den Quadernetzen gegenüberliegende Flächen mit der gleichen Farbe.

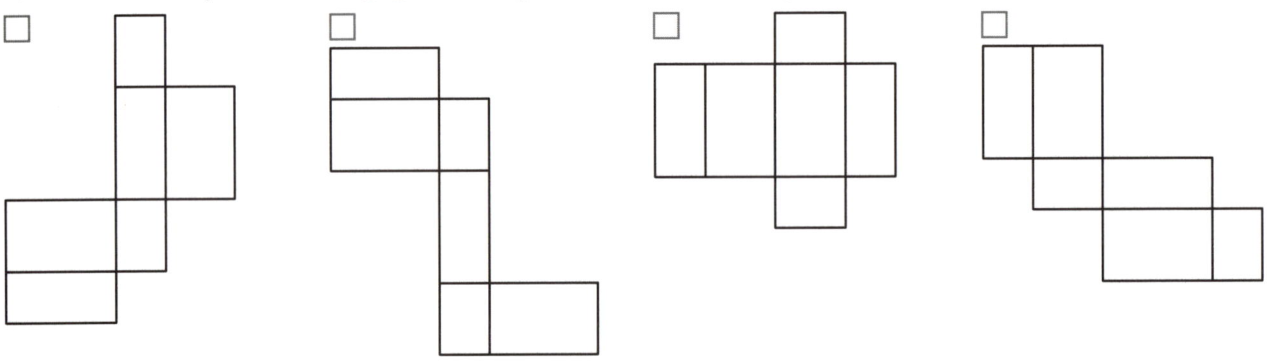

3 Ergänze zu vollständigen Netzen.

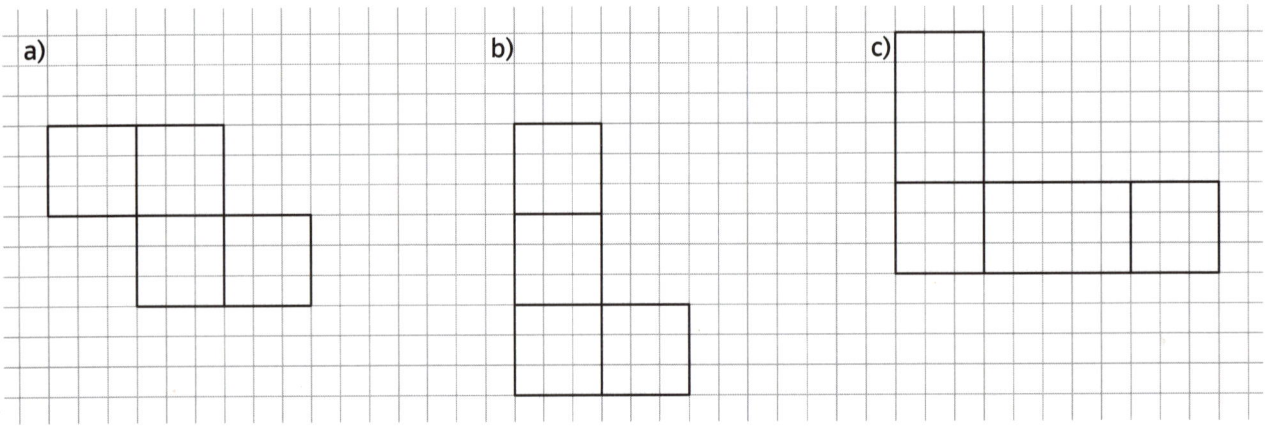

4 Ergänze zum Schrägbild.

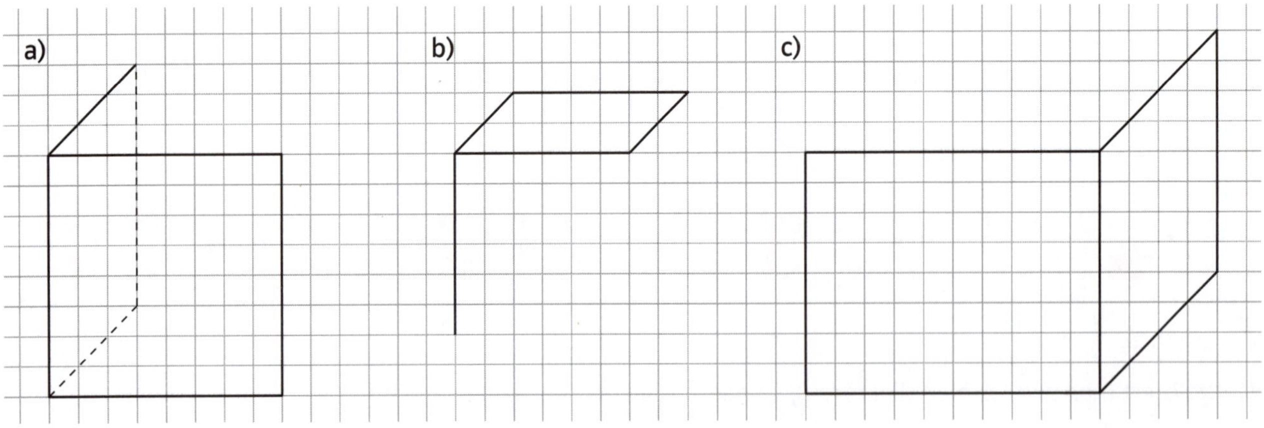

1 Addiere und subtrahiere im Kopf. Schreibe die fehlenden Zahlen in das Rechenhaus.

150	500	300	500
5 + 145	9 +	350 −	511 −
55 +	49 +	410 −	991 −
95 +	+ 199	− 110	− 499
115 +	+ 419	− 250	− 1

2 Berechne im Kopf. Fülle die Tabelle vollständig aus.

a)

	· 7	· 15
4	28	
9		

b)

	·	· 17
5	40	
12		

c)

	: 3	: 6
18		
24		

d)

	: 6	:
36		4
54		

3 Gib die gesuchte Zahl an. Die Summe aller Ergebnisse beträgt 100.

a) Welche Zahl ist um 25 kleiner als 80? ____

b) Das Doppelte einer Zahl ist um 6 größer als 54. ____

c) Addiert man zum Dreifachen einer Zahl 10, so erhält man 40. ____

d) Multipliziert man eine Zahl mit 4 und subtrahiert 7, so erhält man 13. ____

4 Berechne zuerst die gefärbten Flächen und anschließend die Oberfläche des Körpers.

a) Würfel

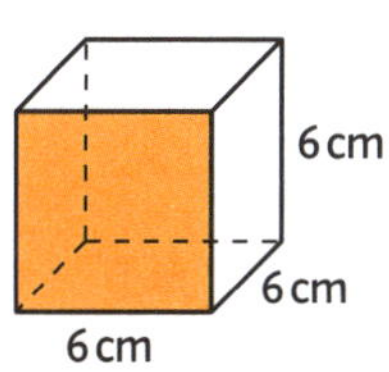

Flächeninhalt ☐: ____

Oberfläche: ____

b) Quader

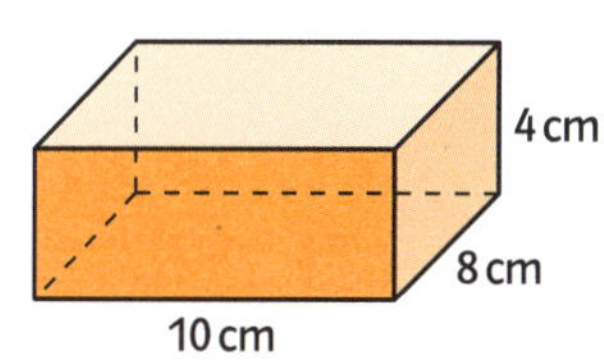

Flächeninhalt ☐: ____

Flächeninhalt ☐: ____

Flächeninhalt ☐: ____

Oberfläche: ____

5 a) Die Klasse 6a plant mit ihren 25 Schülern einen Ausflug. Sie haben schon 300,00 € in die Klassenkasse gezahlt.
Die Ausflugskosten betragen je Schüler 12,50 €.

Wie viel Euro fehlen der Klasse? ____ €

Jeder Schüler muss noch ____ € bezahlen.

b) Bauer Herrmann hat drei Ziegen. Jede Ziege liefert im Jahr ca. 700 l Milch.
Seine vierköpfige Familie verbraucht pro Person etwa 200 l im Jahr.

Wie viel Liter Milch kann Bauer Herrmann an die Molkerei abliefern? ____ l

1 Ergänze die Tabelle und trage fehlende Punkte in das Quadratgitter ein.

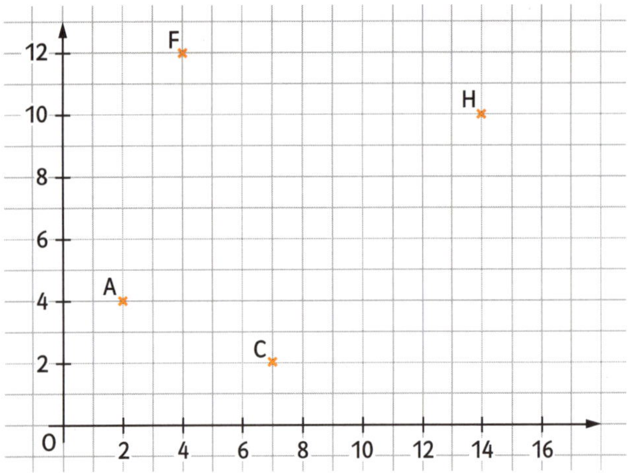

Punkt	Rechtswert	Hochwert
A	2	4
B	5	3
C	7	
D	1	9
E	16	11
F		
G	9	12
H		

2 Betrachte die Schaubilder und beantworte die Fragen.

a) Wie viele Sonnenstunden gab es durchschnittlich im Oktober? ______

b) Wie viele Sonnenstunden hatte Düsseldorf im Jahr? ______

c) In welchem Monat gab es durchschnittlich mehr Sonnenstunden am Tag, im April oder im September? ______

d) Nenne zwei Städte, die mehr als 1800 Sonnenstunden im Jahr hatten. ______

e) Wo gab es im Jahr mehr Sonnenstunden, in München oder in Stuttgart? Wie viele waren es?

______

Sonnenscheindauer in Stunden/Jahr
- 1800 – 2000
- 1700 – 1800
- 1500 – 1700
- 1300 – 1500

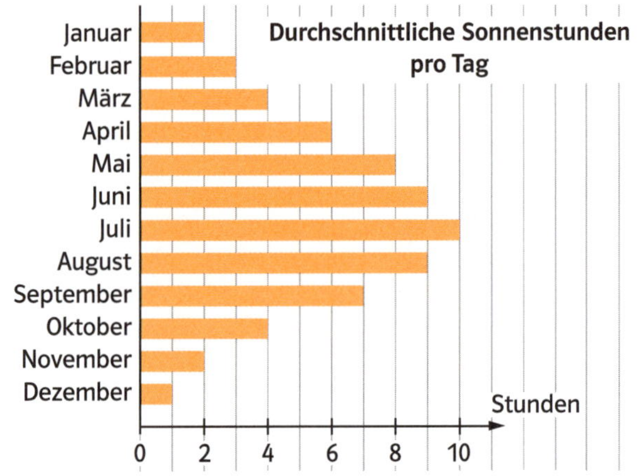

3 a) Finde zu den Zahlen alle Teiler.

Zahl	Teiler
6	
15	
24	
36	

b) Welche zwei Zahlen aus Teilaufgabe a) haben

genau zwei gemeinsame Teiler? ______

genau vier gemeinsame Teiler? ______

sechs gemeinsame Teiler? ______

4 Berechne im Kopf.

a) Die Hälfte von 2,40 €. ______ €

b) Das Zehnfache von 0,35 €. ______ €

c) Ein Fünftel von 15,00 €. ______ €

d) Das Dreifache von 2,40 €. ______ €

e) Eine Kugel Eis kostet 1,50 €. Wie viel muss ich bezahlen, wenn ich vier Kugeln Eis kaufe? ______ €

f) Eine Kinokarte kostet 5,50 €. Wie viel kostet der Eintritt für drei Personen? ______ €

1 a) Zähle die Anzahl der verschiedenen Buchstaben in diesem alten Sprichwort mithilfe einer Strichliste.

WIEDERHOLUNG IST DIE MUTTER DER WEISHEIT

W: ______ I: ______ E: ______ D: ______

R: ______ H: ______ O: ______ L: ______

U: ______ N: ______ G: ______ S: ______

T: ______ M: ______

b) Trage die Anzahl der Buchstaben in die Tabelle ein und ordne die Häufigkeitsliste nach der Größe.

D	E	G	H	I	L	M	N	O	R	S	T	U	W

2 Noah bekommt 15 Euro Taschengeld im Monat. Um zu vergleichen, fragt er einige Klassenkameraden, wie viel sie bekommen.

Stelle die folgenden Antworten in einem Balkendiagramm dar.

Cedric	50 Euro
Bilal	30 Euro
Jonas	10 Euro
Max	20 Euro
Paul	25 Euro

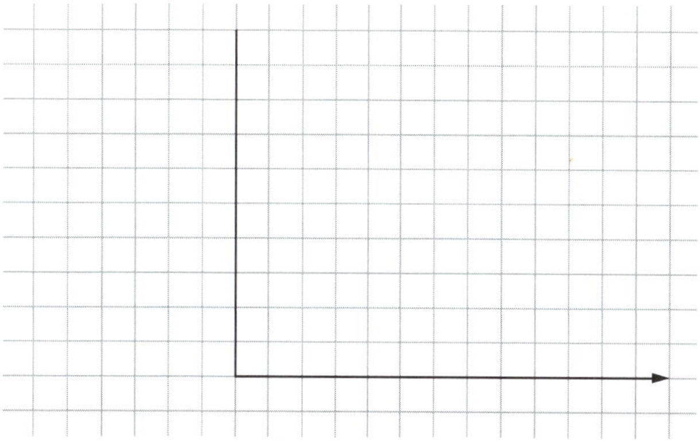

3 In nebenstehendem Diagramm ist die durchschnittliche Anzahl der Herzschläge pro Minute von zwei Tierarten und dem Menschen im Sommer (orange) und im Winter (grau) dargestellt.

Lies die Werte so genau wie möglich ab.

Mensch ______ ______ ______

______ ______ ______

______ ______ ______

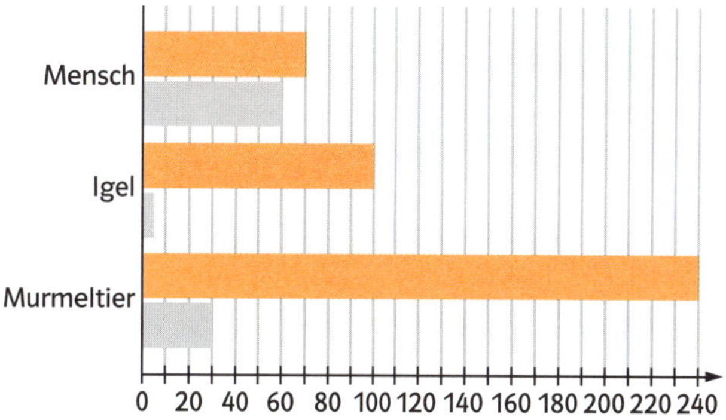

4 a) Ordne die Dezimalbrüche nach ihrer Größe. Beginne mit der größten Zahl.

13,5; 31,5; 0,351; 5,13; 0,315; 3,51; 53,1 ______ > ______ > ______ > ______ > ______ > ______ > ______

b) Ordne die Brüche. Beginne mit dem kleinsten Bruch.

$\frac{1}{2}$; $\frac{3}{2}$; $\frac{2}{5}$; $\frac{3}{4}$; $\frac{1}{8}$; $2\frac{1}{4}$; $\frac{1}{10}$ ______ < ______ < ______ < ______ < ______ < ______ < ______

5 Beim Rechnen mit Dezimalbrüchen musst du vor allem auf die Kommas achten. Berechne.

a) 1,023 + 0,2301 + 21,03 = ______

b) 100 − 99,55 = ______

c) 4,32 · 2,34 = ______

d) (6,5 + 11,5) : 2 = ______

Bildquellennachweis

U1.1 Fotolia LLC (Tobias Pfau), Berlin; **U1.2** Klaus Mellenthin, Stuttgart; **17.1** Mauritius (Linda Kloosterhof), Mittenwald

Alle übrigen Fotos entstammen dem Archiv des Ernst Klett Verlages, Stuttgart.
Nicht in allen Fällen war es uns möglich, den Rechteinhaber der Abbildungen ausfindig zu machen.
Berechtigte Ansprüche werden selbstverständlich im Rahmen der üblichen Vereinbarungen abgegolten.

1. Auflage 1 5 4 3 2 1 | 2017 16 15 14 13

Alle Drucke dieser Auflage sind unverändert und können im Unterricht nebeneinander verwendet werden.
Die letzte Zahl bezeichnet das Jahr des Druckes.

Autoren: Wolfgang Malzacher, Achim Olpp, Claus Stöckle, Thomas Straub

Redaktion: Ingeborg Hoke, Elke Linzmaier
Herstellung: Angelika Lindner

Zeichnungen/Illustrationen: media office gmbh, Kornwestheim; Rudolf Hungreder, Leinfelden-Echterdingen
DTP/Satz: media office gmbh, Kornwestheim
Druck: Medienhaus Plump, Rheinbreitbach

Printed in Germany
ISBN 978-3-12-740332-9

9 783127 403329